认真
"简单"的成功之道

Life is ten percent what you
make it and ninety percent how
you take it.

翙　钧　著

希望种子企划室　策划

 长江出版传媒 ｜ 长江少年儿童出版社

图书在版编目（CIP）数据

心灵种子系列．认真／翊钧著．—武汉：长江少年
儿童出版社，2014.6
ISBN 978－7－5560－0756－1

Ⅰ．①心… Ⅱ．①翊… Ⅲ．①青少年教育－品德教育
Ⅳ．①D432.62

中国版本图书馆 CIP 数据核字（2014）第 115328 号

《心灵种子系列．认真》 翊钧 著
中文简体字版©2014 年由长江少年儿童出版社有限公司发行
著作权合同登记号：图字：17－2014－110

心灵种子系列
认真

原　　著	翊　钧
项目策划	蔡贤斌
责任编辑	凌　晨
美术设计	贾　嘉

出 品 人　李　兵
出版发行　长江少年儿童出版社
电子邮件　hbcp@ vip. sina. com
经　　销　新华书店湖北发行所
承 印 厂　永清县晔胜亚胶印有限公司
规　　格　880 ×1230
开本印张　32 开　7 印张
版　　次　2014 年 10 月第 1 版　2017 年 2 月第 2 次印刷
印　　数　1 －10000
书　　号　ISBN 978 －7 －5560 －0756 －1
定　　价　23. 00 元
业务电话　(027) 87679179　87679199
网　　址　http://www. hbcp. com. cn

[出版缘起]

十根火柴，一线光亮

何飞鹏

20年来，我接触过无数的年轻人，也与无数的年轻人一同工作过，他们有梦、有想法；他们天真、淳朴，也浪漫；他们期待富有，希望成为焦点，也渴望成功。

我有两个年轻的女儿，20岁与14岁，她们对未来充满幻想，急着表达自己的意见，也有着许多在大人看起来不切实际的执着（也许是我们现实而世故）。

不论是我的工作伙伴还是我的女儿，在我眼中，他们都有相似之处，浪漫、天真，对未来充满幻想是他们的共同之处。而我与他们也常有争论（或许觉得我在教训他们），我常想把我30年来的经验，让他们知道，但经常找不到共同的沟通频道。

直到有一次，我接受电台访问，深刻地谈到一些我对工作的看法与曾经经历的惨痛故事，我只是述说我自己，我只谈我相信的事。其后，我大女儿极其幽怨地告诉我："爸爸，我躲在床上听完您的访谈，为什么我是你女儿，我仍要在广播中才能听到这些话？"

我无言以对，我不能告诉她，我曾尝试过，但我们无法心平气和地沟通。从那时起，我觉得易子而教或许是对的。也是从那时起，我下定决心要出一套书，尝试让年轻人看得下去，有所收获。

我们组成了一个工作小组，找寻十个永恒不变的工作原则，并尝试把这些略为八股的想法，转换成符合现代的词语，并且用现代的故事、人生体验作为注解，希望这十本书能成为十个工作锦囊，在他们挫折时、彷徨时、犹豫时，或在困难中、在孤独无靠中，能有所帮助。

我们不敢讲这些书会帮助大家立即开启成功之门。我们只希望每一本书像擦燃一根火柴，伴你在黑暗中渡过困难，启发灵感，重燃希望！

[作者序]

认真的心情

有句话是这么说的：如果想要成功，最快的方法就是仿效已经成功的人。

可是，每个成功的人都各有其特点，到底要以谁作为模范呢？

这就是《认真》之所以成书的原因之一。

古往今来，成功者虽然很多，个性也不尽相同，却都有同样的精神，那就是"认真"。

为此，本书搜集了许多名人的故事，并像解剖般地，对"认真"这两个字从各种角度来解读。

看完此书后，您会发现：原来认真是有方式、有原则的，原来认真并非只是我们所想的努力耕耘而已，它不但是一种态度，更是成功的基石。

本书得以完成，除了参考众多书籍外，更要感谢商周出版社何飞鹏先生的策划、指导，淑贞的盯进度与精心编辑，希望它能够启发新人类、新新人类们智能的一面，让大家的未来更美好！

[作者简介]

翊 钧

本名廖翊君

喜欢创作与尝新

希望收到读者的信

爱吃日本料理

目前最想去的地方是北海道

著有《算命地图》《孤独，硬是一种享受》《神啊，请多给我一点好运》《遇见你的幸福天使》及名人传记十数本。

CONTENTS
目录

CHAPTER 3
认真，要有方法

CHAPTER 5

认真，给你回馈

CHAPTER 6
认真的经典名句（中英对照）

CHAPTER 1
认真的人生最美

在人生舞台上卖力演出

"再大的学问，也不如聚精会神来得有用。"

——亚当斯

有什么事可以让一个人废寝忘食？

著名的法国文豪大仲马先生一生中创作了许多精彩的作品，其生动的描述，常常令人如临实境，而愿意一读再读。

如果，你以为大仲马是因为生来就有写作的天赋，才能够完成闻名世界的多部名作，那么，你就错了。

天赋或许能够帮助他在写作时行云流水，但若光有天分而不认真，那也是枉然。

哲学家亚当斯曾经说过一句话："再大的学问，也不如聚精会神来得有用。"

这句话，正是大仲马的最佳写照。

对于写作十分认真的大仲马，只要一提起笔，就会忘记吃饭这件事，就连朋友找他，他也不愿放下手上的笔，他总是将左手抬起来，打个手势以表示招呼之意，右手仍然继续写着。

大仲马是如此聚精会神地专注于写作，仅是剧本的创作就有100部，若是加上其他的作品，可高达1200部之多。这个数字，几乎是萧伯纳、史蒂芬等名作家的10倍。

更令人惊讶的是，大仲马在写出一本本动人小说之际，每天还要替报章杂志写5篇稿子，这样的工作量对于一般人而言，根本是不可能完成的任务，但是，大仲马凭借着秉持始终的热诚，一字一句认真地取得了如此令人敬佩的成就。

如果，你也可以像大仲马一样，聚精会神于某一件事，那么，你体内蕴藏的能力，必将可以发挥到极致！

认真者的永恒信念

　　记住，滴水亦能穿石，如果有贯彻始终的态度，光是过程的汗水都能让你笑颜逐开。

想要幸运多点努力

"天才是 99 分努力，加上 1 分幸运。"

——爱迪生

爱迪生，这一位超级发明家，小时候不但未表现出过人的一面，反而以健忘出名。在校成绩差得一塌糊涂，连老师们都嫌他又笨又蠢。还有医生在检查他的脑子后，竟说他会死于脑病……

如此不被人看好的爱迪生，为什么能在日后成为发明家呢？

当然要归功于他研究时的认真态度喽！

话说有一次爱迪生到纳税机关缴税，他一边排队、一边思考着科学上的问题，没想到轮到他缴税时，他竟然说不出自己的名字，糗大了的爱迪生站在柜台前拼命思考，偏偏就是想不起自己是谁，到最后还得靠邻居告诉他答案，他才忆起自己的名字是爱迪生。

努力的爱迪生也常常夜以继日地窝在实验室里做研究，有一天早上，佣人将早点送进实验室，见爱迪生因为前一晚不眠不休地做实验，而累得睡着了，所以不忍心将他吵醒，便先将早点放在桌上。爱迪生的助手们见状，于是起了玩笑之心，他们偷偷地将早点收起来，只留下一个空盘子，当爱迪生醒来时，看到身旁的空咖啡杯和少许面包屑的盘子，竟以为自己已经吃过早餐，于是又继续工作，直到他的助手们笑弯了腰，他才知道自己被助手开了个玩笑。

认真的爱迪生就是这样一个值得尊敬的人，他致力于发明的苦心不但没有白费，更造福了全世界，谁又能料到，他竟然是个曾经被老师怀疑智力有问题的学生呢？

认真者的永恒信念

也许命运是部分注定，但是如果不试试看，又怎知最后的成败！

全力以赴是认真的基本态度

"做生意不需要学历，重要的是全力以赴。"

——净弘博光

　　1948 年的盛夏，一位 13 岁的少年骑着脚踏车在大阪市的巷子内来来去去，个头小小的他载着 60 公斤的货物，吃力地踩着踏板，屁股一扭一扭的模样，还真像一只鸭子。

　　这天，少年一不小心，脚踏车失去平衡，顿时人仰马翻。由于货物实在太重了，男孩根本扶不起车子，他转头想找人帮忙，正巧看到两个同学，没想到，同学竟将头转开，当作不知道似的走掉了，令男孩难过的是，其中一位同学，还是他喜欢的对象呢！

　　这次的遭遇，在男孩内心激起了很大的涟漪，他暗自立下愿望："以后，我绝对要让你们好好瞧一瞧！"

　　原本，男孩的工作只是帮忙性质，经过这一次的打击，让他决定全力投入工作。

这个男孩，正是净弘博光。

净弘博光的父亲开了一家专门修理收音机的店，初中二年级时，由于父亲希望他帮忙做生意，他只好休学，过着白天看店、半夜猛学和修理收音机相关知识的生活。也正是因为这样，净弘博光在 14 岁那年，就可以肩负起整个商店上上下下的工作。

即使学历低、家中又没钱，净弘博光仍然不怨天尤人，他知道，要出人头地唯有比别人加倍努力工作，甚至还因为忙得抽不出时间小便，引起肾脏发炎而住院治疗。

19 岁那年，净弘博光决定成立"上新电机公司"，当时的资本额仅为 30 万日元，30 年后，"上新"的资本额已暴增成 1000 倍——31 亿日元，而当年度的营业额则为 650 亿日元。

净弘博光，就是凭借着不断努力的工作，和全力以赴的信念，完成了他 13 岁时的心愿。

认真者的永恒信念

　　谁说小时候的愿望只是梦想，只要能够认真面对每一个想法，并全力以赴，美梦也能成真。

命运线长短，掌握在自己手上

> "但愿我这决心能够持久，直到死神扯断我命运线的刹那。"

——贝多芬

贝多芬是世人皆知的音乐家，出生于波恩的他，从小就展现出过人的音乐天赋，也正因为如此，他那终日酗酒的父亲便以他为摇钱树，强迫他四处献艺。

30 岁那年，贝多芬得了感冒，对一般人来说，感冒应该不是什么大病，没想到，贝多芬在病愈后，竟发现他的听力开始减退。

身为一名职业音乐家，一旦有了听力上的问题，等于少了一只左右手，更何况贝多芬曾经为他那十全十美的音感而骄傲。于是，生性热情活跃的贝多芬在恐惧病情和不愿让人得知他有隐疾之余，开始离群索居，他变得孤僻、难以接近。

就在贝多芬的朋友愈来愈少，疾病却愈来愈严重的情形下，他住进了医院，期望能将耳疾治好，但两年后，他绝望了。

失望的贝多芬曾经想过结束自己的生命，但他终究没有这样做，并告诫自己要忍耐。

即使一生多难，贝多芬对音乐与生命的热情，却丝毫未减。

他，决心好好地活下去。

于是，近乎耳聋的贝多芬开始向命运挑战，他创作了许多充满生气的曲子，他的耳疾愈严重，他的作品就愈有力，尤其是那首铿锵有力的《命运交响曲》，更是令人听了荡气回肠。

不向命运低头的贝多芬，呕心沥血地完成一首又一首的巨作，让世人难以忘怀，永永远远地传承下去。

在音乐的旅途上，他的认真，让生活充满了新的希望。

认真者的永恒信念

苦难，有时是帮助自己成长的利器。

成功基础在于认真专注

"只要肯下定决心，你就成功了一半。"

——林肯

林肯，这位令美国人永远敬仰与怀念的总统，一生的传奇事迹无数。

许多人不禁要问：林肯为什么可以如此伟大？

或许，这得从他的少年时期讲起。

从经济方面来看，林肯的家境一点儿也不富裕，从教育方面来看，林肯的父亲是一名木匠，并没有读多少书，而林肯本人则只上过一年的学，但是，即使背景不佳，他也没有自暴自弃，不管做什么工作，他仍然尽心尽力，将事情做到最好。

就拿林肯的第一个工作渡船夫来说吧，他每天一早总要先把劈柴、生火、打水的杂事做好（这些事其实不见得该他做），才到船上做渡船夫的工作。

除了渡船夫外，林肯也当过屠夫，由于他杀猪的本领极好，许多人都指名请林肯屠宰。

林肯所从事的工作可算是卑微的，但他却不以工作的性质为耻，他与来往的人们学习，不管是农夫、商人或老师，只要有不懂的，他必定求问。

林肯曾经对一位想成为律师的青年说："只要你下定决心，你就已经成功了一半"，由此，我们不难发现，认真与决心是林肯的一贯态度。也因为如此，面对各种不同的角色，他才能够卖力演出始终如一。

认真者的永恒信念

在林肯人生的各个阶段，他总是卖力演出——不论是身为屠夫或是总统。

CHAPTER 2
认真，由此开始

集中焦点是认真的开始

把所有的时间拿来吸收知识，并将所学的知识转化成力量。

大家都知道做事要认真，但是认真该从何开始呢？

身为城邦集团主持人，詹宏志先生可以说是出版界的翘楚。他的理念先进却不虚无，他所创办的 *PC HOME* 杂志以传播简单易懂的计算机知识为使命，改变了大众对一般计算机杂志冷硬难解的印象，一出刊就吸引了人气，短短几年，公司就已倍数成长，令信息杂志业为之侧目。

说起话来博学多闻、头头是道的詹宏志，并非来自资金雄厚的家庭，但他却是个地道的阅读者，读书是他的乐趣，每每逮到机会，詹宏志一定眼不离书，他下班后绝不应酬，而是把所有的时间拿来吸收知识，并将所学的知识转化成力量，提供企业家经营管理的方法，完成他成立出版集团的目标。詹宏志，就是靠着认真读书、一点一滴地累积他的能量，一步步地达成目标。他的人生态度告诉我们，不只在工作上的成就可如此经营，同样的，在求学的路上亦是需要这样的热忱和意志力。

现在，请假设一个状况：

某甲是一名大学二年级的历史系学生，他的学费全部来自于学校的奖学金，在大二升大三那年，某甲向学校申请转到考古人类学系，由于此科系才创系两年，某甲即使转系成功，顶多只能从大二念起，偏偏学校规定留级者不得领奖学金……

如果你是故事中的主角，你会念原本的科系好拿奖学金？还是转系不拿奖学金？

面对了转与不转的两难境地，就读台大的李亦园选择了转系，同时向学校据理力争，他认为自己并非成绩不佳才留级，为什么不能领奖学金？

"李同学，人类学不但谋生不易，还需要到处做调查，你是不是要再考虑一下？"当年任职台大的傅斯年校长问。

"报告校长，我早已考虑过，我一定要读人类学系。"李亦园如此回答。

看着李亦园坚定的神情，傅校长终于批准了他的申请，而李亦园也不负长辈的期望，一心一意钻研人类学，至今近 50 年，不但著有《信仰与文化》等书，也是研究部门的研究员，更不忘本地回到母校教书，而现今一切的成就，都起于当初坚定的意志和对目标全力以赴的精神，这个对成功者而言可以说是不变的法则。

被西方世界喻为"华裔居里夫人"的吴健雄博士，便是一位以勤奋出名的人。退休之前的她，除了探亲和访问必须离开住所外，一年 365 天，她从来没有休息过，周末和星期天对她而言，其实就像普通上班时间一样，至于寒暑假，更不在她的行事历中。她总是整日在实验室里工作，全心投入在科学实验上。

对她而言，生活即是工作，工作即是生活，同等的用心，同等的努力。

从不为此感到辛苦的她，简单地说就是一份对生命认真和执着的延续。

当你心无旁骛地将全力放在同一件事情上时，那即是认真的开始。

一个认真的人，懂得把焦点集中在他要的事情上，日复一日地继续着。很自然地，其他旁杂的事务，再也不会造成自己生活上的干扰，这样的专心一致，又怎么不会成功呢？

为什么詹宏志会这么博学？因为他只把时间用来读书，自然就很博学了。

而吴健雄博士为什么被视为"应该"得到诺贝尔奖？也是因为她只将时间用在实验上。

不仅做学问如此，就连运动也是一样的，职业球员不光只是球技好就可以，还必须每天练习长跑以储存体力，更需要练习打坐，以集中注意力，这些全都是为了他所从事的运动项目而努力。

其实每件事的基本原理都很简单，而集中焦点认真地开始面对人生的不同阶段，才是帮助自己成功的不二法门。

认真者的永恒信念

当你将焦点集中在某一件事情上时，才是认真的开始。

认真是用力地燃烧自己

认真到底有没有界限？一个人要做到什么境界才算认真？

认真到底有没有界限？一个人要做到什么样的境界才算认真？

一年平均开发20种新产品的西陵电子董事长吴思钟说："老板或许比员工自由，没有那么限制上下班时间，但是，换个角度来看，当别人晚上睡觉时，老板在家里仍然不放弃地思考、规划，成功的老板几乎是没日没夜的。"

对于员工来说，即使犯错也有老板顶着，不过，如果犯错的人是老板，那么问题可就大了，为了做好每一个决策，解决好每一项问题，即使再辛苦，吴思钟还是要逼自己面对，连生病发烧，都依然抱病上班、批公文，他说："员工生病可以请假，老板是连生病都不敢生病!"似乎放眼望去,任何地方的老板都有同样的行事原则。

沃特·迪斯尼因为米老鼠而创造了卡通王国,但你知道他是在怎么样的情况下画出举世闻名的米老鼠的吗?

年轻时的沃特·迪斯尼曾经到报社应聘,因该报主编一句"作品缺少创意"而失去了报社的工作机会。这对于一心想当个艺术家的沃特·迪斯尼,简直是一大打击,失望的他陆续找了几个工作,终于找到替教堂作画的工作。

由于这份工作的薪水很低,租不起画室的沃特·迪斯尼只好向父亲借车库,来当作自己的画室,虽然生活艰苦,但由于对绘画执着地热爱,即使咬紧牙关也不愿放弃这份工作。

一天,当他在车库工作的时候,忽然看见地上有一只老鼠,好心的沃特·迪斯尼就将家中的面包屑拿给它吃,以后的每一天几乎都是如此。渐渐地,这只老鼠不但不怕他,反而还在他的画架上跳来跳去。

在替教堂作画的工作之后,迪斯尼得到一个在好莱坞制作卡通片的机会,兴奋的他投入了所有的时间和精神,可是天不遂人愿,他又失败了。这次,他不但失去了工作，反而比以前更贫穷，几乎到了三餐不继的地步。

就在他手足无措时，迪斯尼的脑海中突然出现了一幅画面：一只老鼠活泼地在画架上跳跃着！

迪斯尼如获至宝，立刻在纸上画出了一只卡通模样的老鼠，而这只带着亲切笑容的米老鼠，立刻让迪斯尼从潦倒不堪到一飞冲天。

有一次，迪斯尼希望能将小时候母亲讲的"三只小猪"的故事搬上屏幕，却被他的助手们给否决掉了。即使如此，迪斯尼仍然不时向助手们提出这个建议，助手们看他这么坚持，终于决定试试看，但事实上，大家对"三只小猪"的故事一点也不看好，只是为了不忍心让迪斯尼失望，才答应他的。

令人跌破眼镜的是，《三只小猪》上演后，竟造成另一波极大的反响，美国人从小到老，几乎人人都会唱《三只小猪》的主题曲。这次的成功，让迪斯尼的名气更为响亮。

成名之后，沃特·迪斯尼并没有因此懈怠，他仍然为卡通片努力着。就拿配音来说吧，卡通片中许多的动物都是由他担任配音，认真的沃特·迪斯尼为了让自己的发音听起来更像动物，还花了许多时间在动物园中研究。

你以为迪斯尼在赚大钱之后就退休了吗？

事实上并非如此，据了解，沃特·迪斯尼的一生都致力于卡通片，他比谁都努力，将自己的能量燃烧到最高点。

生命的活法有许多种，如果你期许自己能发光发热，那么，唯有不断地鞭策自我和尝试磨炼，如同一支永远烧不尽的蜡烛般学习成长，你会发现这样的生活，将会有一片属于自己的天空。

认真者的永恒信念

生命的活法有许多种，如果你期许自己能发光发热，唯有不断地鞭策自我和尝试磨炼。

认真的人斗志高昂

人生就好比背着重重的行李走路，一点儿也急躁不得。

当你遇到不如意的事情时，会怎么做？

是放弃？

还是认真面对？

人的一生总是有许多困难，给自己一次机会，试着燃起斗志，好好地冲刺一次！

几年前，艺人徐若瑄曾经唱了一首名为《斗志》的歌，"斗志"指的到底是什么呢？

小林孝三郎便是最好的代表者。

声称自己"起步慢一点，但又可以后来居上"的"高丝化妆品"（Kose）创办人小林孝三郎由于父亲早逝，失去依靠的他只好从乡下到东京求发展。

16 岁那年，小林在一家名为高桥东洋堂的化妆品公司工作。当时，化妆品同业竞争非常激烈，如资生堂、花王、狮王等，都是他们的对手，因此，每一家公司对于员工的要求都非常严格。

高桥东洋堂也是一家训练严格的公司，他们坚信，唯有经得起考验的人才能做个人上人，在小林孝三郎刚进公司之初，公司为了磨炼他，规定他每天早上、下午用人力车运送货物。

那时，道路都是一颗颗的小石头，并不像现在有平坦的柏油路，光是一般走路都很不舒服，更何况是拖着货物。每每遇到上下坡，小林孝三郎就感到特别的吃力，尤其当人力车被石子卡到时，更要花上不少体力处理。

每天，在通往商家的路上，都可以看到皮肤黝黑的小林，拉着一车满满的货物，"嘿哟！嘿哟"地向前行。

毕竟也是血肉之躯，有时难免会感到沮丧或气馁。

有一次，当小林孝三郎累得快撑不下去时，突然看到电线杆贴着许多标语：

"人生就好比背着重重的行李走路，一点儿也急躁不得。"

"不要和人计较，将希望寄托给天。"

"从你站着的地方向下挖，只要再挖深一点，泉水定会涌现！"

这些看似简单的标语激起了小林孝三郎的斗志，每经过这里一次，他的心就激荡一次，这样的激励支撑他度过偶尔的灰心和沮丧，总是在这几个文句中又重新燃起一股奋斗的毅力。

即使日后他不必再拉人力车，这些标语仍然如同刻在他心中般，永远无法磨灭。

小林孝三郎就是凭着这股斗志，一点一滴地累积着实力蓄积着能量，在当了 35 年的上班族后，50 岁的小林孝三郎终于如愿以偿，创办了高丝化妆品公司。而他年少时所看到的标语，当然也再度成为小林孝三郎重新出发的一股力量。

如果你是年轻时的小林孝三郎，是否会有和他相同的处世态度呢？

在人生的旅程中，似乎从小到大都会遇到各种不同的挑战，有些人好像总是失败，而有些人却似乎总是非常的平顺，真的是因为际遇不同？还是在面对困难时的态度差别呢？

　　不妨好好反省一下我们平日的生活，会发现成功与否的关键，就在于有没有毅力。

认真者的永恒信念

　　从你站着的地方向下挖，只要再挖深一点，泉水定会涌现！

认真与毅力是一体两面

　　俗话说："只要功夫下得深，铁杵也能磨成绣花针。"这里的功夫下得深，指的正是认真的态度加上持之以恒的毅力。

　　从小，我们就读过"龟兔赛跑"的故事。

　　再怎么看，兔子绝对是赢过乌龟，却因兔子的自以为是，一睡睡过头，而失败了。

　　其实，这个故事除了教我们做人不要太自傲外，当中更重要的是，我们也不能小看乌龟对这个比赛的认真，以及在比赛中的努力与坚持。

　　发明家爱迪生创造出来的东西数都数不清，别以为他生在多么富有的家庭，也别认为他受过多么好的教育，其实，爱迪生只在公立学校念过 3 个月的书。而他能够发明这么多对人类有益的东西，其实都来自于他那不屈不挠的毅力。就拿灯泡来说好了，这可是经过了千百次的失败后才发明的，而这个人类史上的重要发明，还是爱迪生在连续工作了 72 小时后所诞生的结晶。

想想看，你能连续 72 小时做什么样的事呢？即使遇到困难和失败也不会退却吗？

俗话说："只要功夫下得深，铁杵也能磨成绣花针。"这里的功夫下得深，指的正是认真的态度加上持之以恒的毅力。

这样的道理在古今中外都是相同的，特别是在讲究专业的现今社会中，若是想跨领域发展，更是需要过人的勇气和毅力。

10 年前，大家对于"琉璃工房"连听都没听过。

10 年后，"琉璃工房"不只在台湾赫赫有名，甚至还漂洋过海，受到国际艺术界与社交界高度的注意。

"琉璃工房"的负责人杨慧珊曾经是红极一时的名星，在拍过 123 部电影后，毅然决然地割舍了十多年让人捧在手心的演艺生涯，投入完全陌生的琉璃艺术。

　　琉璃艺术是一种无论在时间、人力及金钱上都必须大量投入的创作，而且，在制作的过程中，即使是一个小细节，也得靠多次的试验才能完成，杨慧珊曾经说过，刚开始时，所有的作品对她来说都是一种挫折，但是经过一次次的挫折，也累积了经验。

　　不仅如此，在琉璃艺术创作的过程中，置身高温的环境中长时间等待是不可或缺的，这对于一个人来说，简直是对体力与精神的极度考验，很多人不禁要问：到底杨慧珊是怎么办到的？

　　分析其原因，不外乎有二：一是对琉璃艺术的认真与投入，再者，就是那股坚定不放弃的毅力。

　　当我们在认清目标找到方向时，多半都会将要投资的时间、金钱、精力估算进去，但是否同样地也将遇到困难时需要的毅力列入考虑呢？

　　在爱迪生和杨惠珊的事例上，我们相信他们的认真精神是成功必须的，对未来的挑战，我们可能无法预知会遇到什么样的考验，但能掌握的，是我们面对一切打击的态度，是否能秉持着从一而终的毅力，也将是成功与否的关键。

认真者的永恒信念

　　对于未来的挑战，我们可能无法预知会遇到什么样的考验，但能掌握的，是我们面对一切打击的态度。

认真的人也会是个负责的人

即使是从无到有的归零开始，只要认真执着，都将无悔！

请问：25 乘以 35，再乘以 45，答案是多少？

除了学过心算的人以外，面对这样的问题时，大家恐怕都会开始找电子计算器了吧。

金宝电子，是全世界第二家把电子计算器从绿色灯管改为液晶灯管（LCD）的公司。1976 年，也就是金宝一推出 LCD 后，美国厂商下了近 10 万台的订单，如此庞大的订量，几乎占了金宝年生产量的三分之一。

接到这么大的订单，大家无不铆足了劲工作，却因为客户对产品的不满意，使得 10 万台的计算器在工厂中堆得满山满谷，做好的东西无法按时出货，收不到钱，危机随时可至。

1976 年，1 台计算器可卖 10 多美元，10 万台就有数百万，是一个很大的数字。

现任金宝电子董事长的许胜雄和他的父亲商量，认为唯一的办法就是重新筹资金、买材料，重新设计、生产和出货。

回忆当年的事情，许胜雄强调："如果当时我们没有责任心，或为了财务的周转而出货，下场就是被客户退货，一旦退货，财务经营能力和信用就会破产。"

许胜雄选择了负责，他们花了整整一年的时间和大量的金钱重新生产、制造，过程的辛苦是很难用笔墨来形容的，不仅是现实的压力，精神上的负担更是无法言说，但他们都咬紧牙关坚持了下来，不仅度过了最痛苦的时期，更赢得了客户的信任和长期合作。

说到武侠小说，就想到金庸。

金庸笔下的男主角，几乎都有一个特色：憨厚老实外加有担当。

这里的有担当，指的正是负责、讲信用。

你看，《笑傲江湖》中的令狐冲，因为不能说出教他剑法的人是风清扬，而落得师父猜忌、师妹移情别恋的下场。

听起来很笨吧？不过，正因为他的讲信用、对说出的话负责，也获得了任盈盈的倾心相伴。

其实，不管是在社会上做事，还是在待人接物的各种场合，信用是非常重要的评断指标，而一个认真负责的人，不但会让别人乐意接近，更比一切契约都值得信任，而当大家都相信你时，成功也就离你不远了。

认真者的永恒信念

认真的人生，才能让生命发光发亮。

认真的人不拖延

> 认真的人懂得"今日事，今日毕"的道理，而不会将今天的事拖到明天完成。

今天跟明天有什么差别？

差别在于：认真的人懂得"今日事，今日毕"的道理，不会将今天的事拖到明天完成。

在布行工作的少年高清愿，每天都要做送货的工作，勤快的他不但将布送到客户门口，还会主动替客户将布搬到楼上仓库，并将布一一排好，且顺便替客户清点库存，以提醒客户何时该补货。

他认真勤快的态度，很快地得到客户的信赖与认同，同样是要买布，大家当然喜欢找他买，而白天骑着脚踏车穿梭于大街小巷的高清愿，下班后即使已经很累，仍然待在店里做着他未完成的工作，他说："是我的功课，我一定当天做好。"

这种"一有事就要解决"的不拖延态度，在日后高清愿所领导的统一集团中，成为极好的企业文化，不仅主管会如此要求，所有的员工也是以此自我勉励，就像是统一的商标般，象征着勤奋努力的精神。整个公司都这样上行下效，哪有不成功的道理呢？

"拖延"其实是很多人会犯的毛病，有的人觉得不过是拖延一下，哪有什么大碍？

可是，历史上就曾发生过这样的一件事：

话说在某次战争时，一位正在玩牌的英国上校接到上面传来的军事报告，当时他想：反正现在是休战期，应该没什么重要的事情吧？于是，这位上校不但没有立刻看报告，反而光顾着打牌，等到牌局结束时，他才从口袋中掏出这份报告。

报告上写着：敌方已攻进，请注意。

此时，上校方惊慌地指示军队，可惜为时已晚，敌人不但攻进营区，将他们的军队打得节节败退，连上校自己也在这次战役中身亡。

看来，拖延不但会碍事，更可能会丧命。

相较于这位英国上校，法国将军李奥弟就积极多了。

有一次，法国森林发生大火，火势凶猛，一下子就将森林烧掉半边，许多千年神木，也付之一炬。

当火势被控制住后，李奥弟前来巡视，第一句话就是指示相关人员要在烧掉的土地上重新种植柏树。

"可是，柏树至少要两千年才能长得有模有样，会不会太久了？"相关人员询问。

"既然要两千年，"李奥弟回答，"那我们更不能拖延，现在就马上去种。"

名作家萧伯纳曾经说过一句话："你只需考虑事物的重要性，至于听来的话就别考虑了。"

没错，在我们认真的同时，不但要避开拖延的劣习，更不要听旁人的冷言冷语，否则将会影响你认真的进度。

所以一旦下了决定，就立刻起而行，下面给你一些简单的建议：

（1）每一天都是新的开始，别让消极成为进步的阻碍。

（2）承认自己不是完美的，努力认真地面对问题。

（3）压力是助力不是阻力。

（4）心想才能事成。

（5）一步接一步前进，终能成就目标。

认真者的永恒信念

萧伯纳曾经说过一句话："你只需考虑事物的重要性，至于听来的话就别考虑了。"

认真者，流汗比说话多

> 说服别人最好的方法并非送礼或说好话，精神和毅力才是唯一的利剑。

日本"计算机公司"的创始人光永星郎先生出生于乡下，他在1901年创立了"日本广告公司"，1906年创立了"日本电报通讯社"，为今日的电通公司奠定了基石。

回忆创业之初，光永星郎曾经为了拜访一个人，而跑了114次。他说："由于村井先生坚持不见我，我只好每天去找他。"

对一般人来说，一旦被拒绝了，或许就不会再尝试，可是光永星郎并不这么想，在吃了70次闭门羹后，反而激起他的决心，他告诉自己："我一定要见到他。"

在第一百次拜访时，光永星郎特别在名片的一角写着"第一百次拜访"，他将这张名片交给门房，期望村井先生有所反应，可是，村井先生仍然没有任何动作。

即使如此，光永星郎还是决定继续拜访，即使一千次都无所谓，"皇天不负苦心人"，到第 114 次，村井先生终于被光永星郎感动，他说："我今生还是第一次看到像你这样有毅力的人。"

光永星郎的座右铭只有 3 个字："健、坚、信"。他认为，说服别人最好的方法并非送礼或说好话，精神和毅力才是唯一的利剑。凭着这样的处世态度，光永星郎不眠不休的实践精神实在令人佩服。

如果你同时拥有医学、音乐、哲学及神学的博士学位，那么，你想要以其中的哪一门学问为职业？

"当医生最容易赚钱，当然要选择行医喽!"或许，你这样想。

没错，史怀哲选择了医学。

与大家不同的是，他选择了到非洲的兰巴伦——这个有"非洲炼狱"之称的不毛之地。

酷热的天气、脏乱的环境、吃不下口的食物……史怀哲和他新婚的太太就这样地展开了一生的医旅。

即使同行的人纷纷因为身体和心理的不适应而离去，史怀哲仍然不改他的目标，在非洲的蛮荒处默默奉献他的爱心。

我们都知道"坐而言不如起而行"的道理，但真正能落实的人又有几个呢？

一旦受到阻挠时，你是用"时不我与"的话来安慰自己，还是绝不轻言放弃？一个不同的观念，可能就会将你带到不同的结果，因此，若想成功，除了梦想之外，更重要的是：你—真—的—要—去—做—噢！

认真者的永恒信念

　　若想成功，除了梦想之外，更重要的是：你—真—的—要—去—做—噢！

目标清楚，才能认真有方

> 我们的生活真的是充满了许多的选择，但是，却也连带地产生青少年容易迷失自己的隐忧。

发现新大陆的哥伦布在求学时，偶然读到一本毕达哥拉斯写的"地球是圆的"的著作，他就牢记在脑子里，并经由这个理念想到：假如地球真的是圆的，那么我不就可以经过极短的路程而到达印度？

然而，许多支持"地球是平的"理论的大学教授和哲学家们，都耻笑哥伦布的想法，认为他是痴人说梦，甚至警告他，不要因此而从地球的边缘掉下去。

家境贫穷的哥伦布，多么希望有人能出钱资助他，然而，这一等就是17年，失望的他虽然还不到50岁，竟因此红发变白发。

此时，西班牙皇后伊莎贝尔出现了，她不但赐给哥伦布船只，还释放了狱中的死囚，让他们跟着哥伦布做这趟前途未卜的旅行。而哥伦布总算不负苦心，在长途跋涉后发现了新大陆。

为了一个理念而认真到底的哥伦布，当水手们畏缩时，仍然勇往直前，即使是水手们不堪艰苦，警告他再不折回，便要叛变杀了他时，他的答复还是这么一句话：

"前进啊！前进！"

哥伦布因为知道自己要的是什么，最后果真达到目标。

你记得大哥大刚开放时，是哪一家公司以第一名中标吗？

答案是太平洋电讯事业（简称太电）的"台湾大哥大"。

为什么太电能够在民营的大哥大市场夺得先锋？身为企业第二代人、也是让太电转型成功的孙道存说，早在 1990 年时，他就以迈入通讯事业为目标，当时台湾并未开放大哥大，太电就到省外去寻求机会。

从香港地区、泰国，到澳大利亚、新西兰，太电一有机会，就去投行动电话的标，也从中累积了很多经验与人才。

当 1994 年，台湾开放大哥大市场后，太电一马当先，拿到了北中南三区的营业执照，从建基地到通话，投资的人力、物力与金钱很轻松?! 虽然过程辛苦，却也为大哥大建立了基础。

正因为一开始就立下清楚的目标，当台湾开放大哥大后，太电以第一名得标，孙道存说："对别的投标人，可能只是投一个执照，但对我们，是志在必得。"

在现今这个充斥着各种信息的世界中，我们的生活真的是充满了更多的选择，但是，却也连带出青少年容易迷失自己的隐忧，"只要我喜欢有什么不可以"标榜了不容他人的个人主义的生活态度。

原本应该能更清楚自己的喜好和方向，但真的知道自己喜欢的是什么了吗？真的有用心思考和规划吗？

我想，这对我们下一代绝对是个需要学习的课题，因为，唯有清楚目标在哪里，唯有知道目标有多重要，接下来的努力才会有用。

认真者的永恒信念

　　唯有清楚目标在哪里，唯有知道目标有多重要，接下来的努力才会有用。

认真者不注重奉承

> 辜振甫，很重视"从基层历练起"的实力，他有不喜受人奉承的个性。

提到和信集团，大家第一个想到的就是辜振甫先生。

五十多年前，辜振甫接管了父亲的产业，那时，他还是位在台大念书的学生。

兼顾学业与事业的辜振甫，年纪轻轻的就被人喊作董事长，对于一般人来说，如果像他一样，在二十多岁就拥有庞大的财富和极高的社会地位，肯定是快活得不得了，就算一辈子不做事都可以尽情享乐，可是，辜振甫却不这么想。

成天在一声声的"董事长"中度过，辜振甫突然警觉到自己不能再这样受到大家的奉承，于是，他决定在大学毕业后赴日。

亲朋好友们得知辜振甫的想法，都说他简直是疯了，好好的董事长位子不坐，偏要跑到人生地不熟的日本？

不理会大家的猜疑和劝阻，辜振甫毅然决然地抛开身边所有，一个人到了日本。

他在日本的"大日本制糖公司"找了一份最基层的工作，一个月的薪水连80元都不到。

在日本工作期间，他曾经与日本三菱、三井等大财团的后代接触，发现这些衔着金汤匙出生的企业家后代，并没有坐享其成，反而和大家一样凡事从头做起，没有所谓的特殊待遇。

始终以专业经理人自居的辜振甫，很重视"从基层历练起"的实力，从他的故事中，可以很清楚地看到辜振甫对自己的认真态度，以及他不喜受人奉承的个性。

关于奉承，在外国也流传着这样的故事：

欧洲某国国王很喜欢画画。有一天，当他完成一幅画后，便问随从对画的感觉，随从心想：既然是国王画的，当然要好好奉承一番，于是告诉国王："这幅画真的画得出神入化，太美了！"国王听了反问随从："你觉得它值多少钱？"随从更奉承地答："值100万！"没想到国王告诉他："既然如此，那么我就打8折卖给你吧！"

你看，这就是奉承过度的下场！

一位任职于大企业的人事主管感叹："现在的年轻人在选择工作时，总是以'钱多、事少、离家近'为目标，就算是跳槽，也有很多人是'名过于实'。"

相较于此，反观辜振甫的经营理念和为人处世，我们不禁要好好地反思一番，自己是不是更应该在年轻的岁月中多加磨炼呢？

别忘了，今日一切经验累积的成果，将是日后成功的资本哟！

认真者的永恒信念

别忘了，今日一切经验累积的成果，将是日后成功的资本哟！

认真者会做好万全的准备

> 如何面对挫折，把挫折变成机会，是每个人应该学习的功课。

美国有史以来第一位担任一流学府校长的亚裔人士就是田长霖，他在 1955 年自台湾大学毕业之后就赴美留学，于 1990 年 7 月接掌伯克利加州大学校长一职，担任该校第七任校长。

田长霖相信"机缘"，但是他更相信唯有"全力以赴"加上"万全的准备"，才能抓得住机缘。他能有今日的成就，完全是靠着努力、毅力与奋斗而来。

20 世纪 50 年代的美国，仍然存在着很严重的种族歧视。初到美国时，田长霖是在肯塔基州求学，有一位美国教授从来不曾直呼其名，就公然叫他："Chinaman"或者是"Sucker"，并批评他："You don't

know anything！"充满了轻视与不屑。

他在路易斯维尔大学念书时，在做实验时，他常为其他的学生背黑锅，往往是别的学生出了差错，他却成为代罪羔羊。

在一次实验中，一位教授要田长霖爬上高处去关掉一部蒸气锅炉机。他完成了此项任务，却在下阶梯时差点跌倒，情急之中就伸手抓住一条钢管，那条高温的管子烫得田长霖手掌流血、全身发抖，但他仍然强忍着痛楚，不愿被教授看不起，一直到了教授离去，他才赶紧去医院治疗手上的伤。

他说："如何面对挫折，把挫折变成机会，是每个人都应该学习的功课。"

田长霖的个性之所以会如此的开朗乐观，是因为在 1949 年他们全家从祖国大陆来到台湾时，家庭的经济状况是一贫如洗，父亲又病逝。

历经家中的几番大起大落的变化，让他能够放开心胸去看待事情。

他虽然饱受凌辱，但并没有因为这凌辱与挫折而被击倒，每次他都将这些打击、困难与阻碍，转化并凝聚成为本身的力量，将阻力化为助力之后，他就能承担更大、更强的风暴，并接受更大的挑战。

　　新生代的我们，总是很难去忍受别人的不重视，或是不愿意多花时间去努力学习，然而，任何的成功都不可能不劳而获。在面对所有的挫折和困难时，只有勇敢地去迎应和面对，才能获得一次次的经验，而这些经验的累积都是你面对下一次考验的最大宝藏。因为，唯有做好一切的准备才能踏上成功的彼岸。

认真者的永恒信念

　　唯有做好一切的准备，才能踏上成功的彼岸。

认真地面对生命才能无怨无悔

> 懂得自己身处何地、做何事，面对生命应有这样的
> 热诚和无悔。

慈济功德会，一个举世闻名的慈善组织，吸引了许多人共襄盛举。

其中也不乏富商夫人及官太太们，她们有的捐钱、有的出力，目的只有一个：那就是让各地需要救助的人可以更早脱离危险、伤害。

这天，来了一位驼着背的老人陈才，老人的脸上满布着皱纹，任谁看了，都会直觉地认为老人家的生活过得并不好。

住在花莲的他，十几岁就开始了军旅生涯，从灿烂的青春岁月到中年，他跟着军队东征西讨，并没有留下什么积蓄，仅以一万多元买了间不到十平方米的

小屋子，从此栖身至老。

这些年，他靠着捡石头维生，以一斤不到两块钱的价格卖出，好赚取生活费，岁月的风霜着实地刻画在他的脸上，而他的驼背，想必也是因为长期背着沉重的石头所造成的吧？

如此一位老人家，应该很需要人家的帮助吧？

错了！

他摊开存折，将存折里的100万提出，那是他靠着捡石头一点一滴攒下来的辛苦钱，如今却变成了慈济功德会里的功德金。

对于年轻力壮的青年们来说，捐出100万元，大不了再赚就有，但对于这样一个高龄的老人来说，没有了这100万元，以后该怎么办？

难道，他一点都不后悔吗？

当大家好奇他为什么愿意将这笔钱捐出来时，陈才说了这样一段话："钱存在我的存折里，只是小钱，可是钱如果捐出来，这小钱就可以变成大钱。"

懂得自己身处何地、做何事，看似简单，但并不是每个人都能够做到的，面对生命能有这样的热诚和无悔，才能发出亮眼的光和热。

麦特·戴蒙是美国影坛上的当红偶像明星，若问起他的舞台经验，可得追溯到孩童时期。

小麦特·戴蒙在 8 岁那年因为参加儿童剧团的演出，从此爱上演戏这份工作，也立了"长大后要当演员"的志愿。

8 年后，麦特·戴蒙告诉双亲，他希望能以演戏为业，同时，以拍广告的所得为经费，前往纽约试镜。

历经无数的辛酸和挫折，终于在《心灵捕手》这部电影一炮而红，麦特·戴蒙告诉媒体："我常会回过头反省自己曾经做过的事情。当然喽，有时候难免会遇到自己已经尽心尽力去做，却对事情没有帮助的结局，但是，我并不会因此觉得后悔，反而认为自己应该好好地把握人生，不停向前迈进！"

人生说短不短、说长不长，但重要的是要如何过得精彩，想要有一个圆满的人生，第一步莫过于向他们两位学习认真无悔的态度，因为，唯有踏下每一步肯定的脚步，才能走得稳、走得正。

认真者的永恒信念

　　人生说短不短、说长不长，珍惜踏出的每一步，才能无悔。

比别人多下点功夫

自信是成功的态度，但是懂得再上一层才能赢得胜利！

从小与父亲学书法的王献之，或许是遗传了其父王羲之的天分，每每写了一手好字，并得到许多长辈们的称赞。被大家夸久了，王献之也觉得自己真的很厉害，开始志得意满了起来。

看到儿子愈来愈骄傲，王献之的母亲不禁忧心忡忡，担心王献之会因此自以为是，于是开始深思该如何教育他。

一天，王献之写了一篇好字，觉得这次的作品比前几次都好，必能再度得到赞美，他兴奋地将写好的毛笔字拿给王羲之看，不料，王羲之什么话都没说，只是拿起毛笔，在其中一个"大"字上面点了一点，让大变成了"太"。失望的王献之见到父亲没有称赞他，仍然不死心，他将这幅字拿去给母亲看，期盼得到母亲的嘉许。

王献之的母亲拿起这幅作品，上下左右仔细端详，许久才冒出一句话，她笑着对王献之说："儿子，在这些字当中，只有一笔可以和你父亲相比，其他的只是形状相似罢了。"

听到母亲如此说，王献之赶紧请问："是哪一笔写得像父亲的呢？"

只见王献之的母亲用手指向"太"说道："就是这一点有真功夫。"

这件事虽然浇了王献之满头冷水，但也果真起了作用，从此，王献之一改过去的骄傲习性，也变得更愿意凡事下功夫。

什么是"3285 理论"？

享誉国际的鉴定专家李昌钰博士说："只要每天少睡两小时，少用一个半小时吃饭，以及将浪费掉的五个半小时拿来做其他有意义的事，那么一年就能够多出 3285 小时！"

在演讲上常常提及"3285 理论"的李昌钰博士，自然也常会被听众问道："为什么您的鉴定技术如此的好?"

"没什么，只是我比别人下的功夫多。"他总是如此回答。

郑曼青先生是位著名的国画家。有一次，他在美国当众表演，只见他拿起了毛笔，不颤不抖地画了一笔长长的竹子，在场的每一个人看了，都不自主地发出惊叹声。

听到大家的赞美，郑先生说："虽然只有这一笔，却足足要花上我20年的功夫。"

"可是，我怎么看不懂?"现场，一位外国人说。

"哦，这很正常"郑先生回答，"你如果想看得懂，至少也要花20年。"

有时候努力的结果并不能马上获得，但是，所有曾经流下的汗水，绝对能为自己开花结果。

认真者的永恒信念

改变过去的骄傲习性，才能变得更愿意凡事下功夫。

强烈憧憬是认真的动力来源

> 只要心中永远充满希望，一定就会有源源不绝的动力产生。

有"现代武训"美称的王贯英先生，是一位拾荒老人，虽然他没什么学历，且以捡废弃物为生，脑海中却有一个愿望：兴建一个属于自己的图书馆。

为了实现这个愿望，王贯英总是将捡破烂的钱拿来买书，并将买来的书送到图书馆，以帮助清寒学生。

坚持着这种理念，王贯英所捐赠的书遍及海内外，当他去世时，市政府特别为他在市立图书馆的古亭分馆成立了"王贯英先生纪念图书馆"，内有王先生所保存的两千多本书与文物，以让大家在阅读之余，更能感念他的心血。

很难想象这样一位老人能有如此大的毅力和恒心，

除了佩服他的毅力外，更让我们相信，只要心中永远充满希望，一定就会有源源不绝的动力产生，而因为这份力量的促发，在任何地方都会有像王贯英这样努力圆梦的人。

1914年，7岁的田边茂一随父亲到日本桥看热闹，然而，各种表演都无法引起他的兴致，正当他感到无聊而转过头去时，他看到了身后书架上陈列着满满的、烫金的外文书，这些书使得他眼睛为之一亮。

"就是它了！"小小的田边茂一感到内心喜悦无比，此后，无论他上小学，念中学，他总是常常告诉同学："我以后要开书店！"

1927年的1月，22岁的田边茂一，向一家木炭批发商借了60平方米的土地，并在土地上盖了一栋二层楼的房子，完成了他从小就想实现的愿望。

从只有一名男店员和一名女店员的新宿总店开始做起，田边茂一积极地扩展他的版图，在日本各地开起了书店。

当被问起为什么如此执着于开书店时，田边茂一笃定地说："因为我从小就对文化事业抱着强烈的憧憬。"

正因为如此，当第一家"纪伊国屋书店"筹备时，他就把书店的上下两层分成不同的店面，第一层卖的是书籍和杂志，第二层则辟成一家画廊，而非全然卖书。

人人在小时候都有过梦想，然而长大后能够忠于儿时的梦想并实现梦想的人并不多，田边茂一却不同。

这位纪伊国屋书店创始人说："我要开书店、当一个书店老板的强烈的憧憬，一直烙印在我的内心无法抹去。"

虽然田边茂一将他能实现梦想的一部分原因，也归于周遭的环境，但不可否认的是，若没有他那足以完成梦想的坚强信念，怎么可能一帆风顺？

所谓心中有梦，筑梦踏实，两者是相辅相成的。有理想的人，生活不单因为有目标而更充实，也因为心怀希望，而对未来永葆热情的动力。

认真者的永恒信念

心中有梦，筑梦踏实！

CHAPTER 3
认真，要有方法

做到自己认为的"好"为止

因为，他们抱着"做到最好"的态度来面对这份工作，即使别人觉得这样很傻、很累，他们就是能甘之如饴。

如何从 1 万户待售的房子中，找出其中最好的 50 户？

在台湾一份名为《房屋志》的杂志中，有一个"Best Buy"单元，专门替读者介绍好房子。为了完成这样的超级任务，杂志社不但请来专业的人员执行此单元，还向中介公司要求，希望能亲自到现场看房子。

"你们要去现场？"听到这样的要求，中介公司带着一副"你们很无聊"的口吻说，"不然这样好了，我将平面图传给你们。"

"不行，我们一定要自己去看。"

原本，中介公司以为，这些人员只是随便看看而已，谁知到了现场，却发现大家扛来各式各样的装备，将房子上上下下丈量一番，看得中介人员一个个傻了眼。

"你们……你们为什么要这样做？"一位中介纳闷。

"虽然我们不知道自己看到的是不是最好的房子，但是，我们所推荐的房子一定要经过现场检查和勘测才行。"

凭着这样的精神，无论刮大风、下大雨，或者寒流来袭，总可以见到"Best Buy"的人员，带着几公斤重的仪器，穿梭在大大小小的房子里。

"像你们这样每一个房子都要看，一定会累死。"中介人员下了结论。

累吗？

想想看，如果要你一天看五户房子，而且房子的地点有可能散布在台北、汐止、土城等地区，不累才怪！

那么，"Best Buy"的人员为什么非得这样做呢？

因为，他们抱着"做到最好"的态度来面对这份工作，即使别人觉得这样很傻、很累，他们就是能甘之如饴，因为秉持着这样的信念，不仅让他们在工作上有优秀的表现，更是赢得大家的信任和掌声，而由于有着同样的工作态度而成功的例子，可说是屡见不鲜。

每个人对"好"这个字的认知不同，有的人觉得及格就好，有的人觉得要一百分才叫好，对于一个认真者来说，"好"的定义是：不须管别人用什么眼光来看你，只要你做到自己认为的好为止，这样的要求和执着，既使达不到十全十美，也一定会在你的人生中，留下无悔的成果。

认真者的永恒信念

只要你做到自己认为的好为止，这样的要求和执着，即使达不到十全十美，也一定会在你的人生中，留下无悔的成果。

用拆解练习来达成目标

想要达成目标，多次的练习是不可或缺的。

有句话说："一回生，二回熟。"

这句话指出了练习的重要。

想要达成目标，多次的练习是不可或缺的，对于比赛而言，更是如此，比赛只有一次，练习不够，自然就失败。

除了不断练习之外，还有一个步骤也是不能忽略的，那就是：分解动作。

什么是分解动作？

以擦桌子这件事来看，对一般人而言，擦桌子不就是拿块布，将桌子擦干净吗？

可是，在"蒙特梭利"教学法中，擦桌子可不是这么简单。

首先，将抹布对折。

再对折。

两手放在抹布上。

利用手的力气，用抹布由上往下擦。

将抹布翻面。

然后把它放在刚刚擦过的地方旁。

两手放在抹布上。

再由上往下擦。

如此重复动作，直到桌子擦干净为止。

看，即使是擦桌子这样一个简单的事情，蒙特梭利教学法也可以将它分解成许多步骤，让小孩子一一练习，不但能训练小朋友有顺序的观念，更重要的是，经过这样精细的动作，桌子必然比随便一抹要干净得多。

这样的教学，目的就是培养一种注重细节和脚踏实地的精神。教育的理念是如此，其实，企业的经营也是相同的。

"克莱斯勒"的创办人白手起家，一生都为他的事业打拼着，当他将位于纽约那 77 层刚落成的克莱斯勒总部交给其子华德管理之前，曾经告诉华德："你应该先懂得这幢大厦的所有情况，才能管理得好，首先从擦地板、清理办公室做起，这样才可以让你知道该如何工作。"

听了父亲的忠告，华德果真从头做起，直到他能胜任管理这幢大楼的每一个部门为止。

在这个故事中，克莱斯勒就是把"管理"这件事拆解成许多环节，而最基础的就是从"擦地板"开始练习。

不管你现在认真的目标是什么，把动作一一拆解成细分的动作，分别练习，就是达到目标最好的方法，因为，唯有这样深入地解析和接触，才能在日后成为上位者时，有最完备的规划，甚至在任何情况中都完全掌握各种状况的方向。

认真者的永恒信念

认真的基本诀窍：将每一个步骤做到最踏实。

最笨的方法，通常才是最扎实的

所谓"欲速则不达"，有时以为是最快的方法，反而不符合经济效益。

现代人讲究效率，什么事都希望以最快的方式进行，以为自己愈快完成目标就愈聪明，但回头想想，"快"真能完全达到你想要的成果吗？

从小，我们就常被老师训练各种动作，以"向后转"这个口令为例，就会被分成以下三个动作：

1. 右脚跟先往后一步；
2. 以其为基轴向后转；
3. 将脚跟并回。

明明是很容易的动作，为什么非得分三个动作不可？

道理很简单，因为标准化的动作，不但可以使队伍整齐划一，也比随便一转要稳固得多，当然也就不容易跌倒。

将向后转分成三个动作做，虽然比较花时间，却显得扎实。

对于向后转这个小动作是如此，事实上，在许多方面也都是同样的道理，甚至是我们在社会上工作，也都应该秉持着这样的原则行事，所谓欲速则不达，有时以为是最快的方法，反而不符合经济效益。

现在，很多朝九晚五的上班族都想自己开店，一圆当老板的梦想，可是，开店毕竟不是小事。

举个例子，一位开服饰店的朋友曾经算过：光是租金和水费电费，店每开一天，就得花掉 750 元。

750 元可不是小数目，如果店面的位置不对，很可能一整天都没有顾客上门，不久后就难保不关门大吉。

那么，有什么方法可以知道这个位置的人流多不多呢？

在坊间有一种做法，就是请几名工读生，坐在欲开店的地点，仔细数数在一天之中有多少人经过，再评估开店的可能性。

如此以人工计算的方式，在目前计算机科技发达的年代中，听来可能有点可笑或是觉得愚笨，但不能否认却是最扎实的方法，可信度也最高。

对于21世纪的我们而言，总以为一切快速、便捷就是最好的。无疑地，在面对这变化万千的社会，的确是有这样的需要，但并不是所有的事都是如此。

就如同我们念书一样，逐字逐句地阅读当然比不上只念大纲的速度，但是，却能拥有最稳固的基础，更是将来能理解更高深的学问的基石。

认真者的永恒信念

　　谁说笨的人不能成功，有时候用最笨的方法，反而能得到最大的效果！

不断练习是认真的要件

> 当你想完成一件事，并且将事情做到"好"，不断练习是绝对重要的。

当你想完成一件事，并且将事情做到"好"，不断练习是绝对重要的。

狄摩西尼是希腊著名的政治家，他曾经领导雅典人民反抗马其顿的侵略长达30年之久，健康欠佳的他，靠的不是武力，而是他那精彩并足以激发人性的演说。

很多人好奇身体瘦小的狄摩西尼为什么如此会说话，他是不是天生就有辩论与演说的天分？

其实不然。

据说，童年时期的狄摩西尼是个咬字不清、声音又小的孩子，说出来的话常让人听不懂，也造成了阻碍他与大家互动的鸿沟。

这样的情形，一直到了狄摩西尼的父亲去世后才渐渐改变。

由于父亲所留下来的庞大遗产被监护人侵占，成年后的狄摩西尼为了要夺回财产，必须到法庭按铃控诉，可是，光控诉是不够的，狄摩西尼知道，唯一能够打赢这场官司的方法，首先就是必须"说话清晰"。

为了要克服咬字不清的缺陷，狄摩西尼竟然把石头塞在口中，并对着大海呐喊；为了要让自己说话的速度能像一般人一样，狄摩西尼一边快跑一边配合脚步背诵诗词，借以训练自己。

但是，光是说话清晰快速就能对打赢官司产生助益吗？

当然不，因此，在咬字清楚后，狄摩西尼开始训练自己"会讲话"。

据记载，为了练习讲话，狄摩西尼曾经挖了一个专为训练自己演讲的地洞，他限制自己一进到地洞，就要待上两三个月才能出来。一度，狄摩西尼为了不让自己半途而废跑出地洞，竟想了一个奇招：他将头发剃一半留一半，看起来既怪又吓人。

如此进出地洞数次，经过不断地练习，狄摩西尼终于练成了好口才，要回了父亲留给他的财产，并在日后成为了著名的演说家。

这样的例子一定打破很多人认为能言善道者皆是天生个性使然的想法，可说是也可说不是。不是的原因是：凡是成功者都不是一生下来便能言善道，大家都是从牙牙学语开始的，没有人是天生就会的。但你也可以说是天生个性使然，因为不屈不挠的个性，让他愿意去尝试，愿意痛定思痛地接受磨炼和考验，这样的执着和坚定又怎么会不成功呢？

高尔夫球名将维杰斯的球技极好，同时也被球界认为是全世界练球练得最勤的球员。为了打破这个说法，有一天，世界球王普莱斯来到维杰斯练球的球场，他信誓旦旦地说："我一定要练得比维杰斯久！"

可是，当普莱斯累得提着他的球具离开球场时，维杰斯的身影依然追逐着小白球跑，普莱斯只好笑着说："真受不了维杰斯！"

受不了的可能是他专心一致，受不了的可能是他眼中只有高尔夫球的狂热，但最重要的应是让普莱斯难望其项背的恒心毅力。

无论是狄摩西尼也好，或是维杰斯也罢，两人之所以成功都是靠着持之以恒的练习，有句西洋谚语就是这么说的：完美的不二法门就是不断再不断地练习。

认真者的永恒信念

西方谚语说：完美的不二法门就是不断再不断地练习。

认真者不好高骛远

> 不管你现在的愿望是什么，都请小心：别让自己成为一个好高骛远的人。

小时候，我们常常有许多惊人的愿望：

当总统、当王永庆、当全世界最有钱的人！

随着时间的流逝，我们的愿望也会开始改变。

不管你现在的愿望是什么，都请小心：别让自己成为一个好高骛远的人。

什么是好高骛远？

立了一个做不到的目标，就是好高骛远。

举个例子来说，如果一个人的目标是"当王永庆"，就表示你除了认真努力之外，还得鸿福齐天，再加上许多的好机运，以拥有无数的财富和数十家的企业，放眼望去，能做到这样子的人毕竟少数。

如果目标是"在最短的时间赚 20 万元"，那就是合理可行的。

一个好高骛远的人，总是将目标订得高高的，最后因为做不到，只好放弃，如此一来将会永远看不到想要的结果。

那么，我们该如何设定目标呢？

最好的方式是：订一个可以达成的目标，而这个目标一定要比你现有的能力再高一点点。

比如，你的能力是 80 分，那么就将目标设定在 90 分，如此一来，你将会为了多出 10 分而努力，一旦达成目标，就会很有成就感，而这个成就感就可以支持你向 100 分迈进。

在此，一点一点朝着目标前进是很重要的，千万不要因为一时的贪心而将目标订得高高的，明明只有 20 分的能力，却要将目标订成 100 分，不但不可能达成，反而会出现揠苗助长的结果，不就完了吗？

我曾经采访过多位寿险界杰出的风云人物，他们的年收入以数百万甚至千万计算，当被问起如何在短短一年中赚进这么多钱时，大家一致认为目标是最初起步的重要环节。

"先依照去年的成绩为基础，再视自己的能力，拟出一个可达成的目标。""目标也不宜太高，否则不但连自己看了都觉得不可能，组员们也会因为压力过大而不愿努力。"一位寿险界红人如此说。

现在的你已经有一个可行的目标了吗？

记得，不要还没学会走，就想跑噢！

认真者的永恒信念

一点一点朝着目标前进是很重要的，千万不要因一时的贪心而将目标订得高高的，反而会出现揠苗助长的结果。

认真者懂得一步一步来

成功法则唯一不变的是认真做事的态度，与从踏出一小步开始的试炼。

坐落于台北民权东路上的"亚都饭店"，是一家曾经被国际旅馆专家下了"不易经营"评语的饭店，却在几年之内，成为一间最高房价及市场最高占房率的国际商务旅馆，令人跌破眼镜，其幕后的推手，正是"亚都饭店"总裁严长寿先生。

光听严先生的头衔，任谁都会以为他必定是个高学历或者喝过洋墨水的人吧？

其实不然，在著作中，严先生提到，虽然只有高中学历，但是因为对自己的未来有着一份期望，所以，他从"传达小弟"的工作做起，凭着努力和实力，一步步地向上走，而有了今日的成就。

现今是个信息流通快速的社会，透过媒体，我们会发现：有些以前未曾听过的名字，就像平地一声雷般，在一夜间声名大噪，甚至列入全球一百大富翁，曾经叱咤一时的股王"广达"董事长林百里先生就是一例。

在"广达"股价高飙时，林百里所拥有的个人资产令许多人眼红，可是，大家多半只看到他风光得意的一面，却忽略了他是付出多少的努力，才走到现今的地步。

不管是台湾的经营之神王永庆先生也好，科技界的教父张忠谋先生也罢，只要研究他们一路走来的过程，都不难发现，他们都是一步一步从头做起。开始时，或许因为步伐不大而很难察觉得出所以然，但日复一日地，从一步到百步，从百步到千步、万步，终于成就了现在的王永庆、张忠谋，以及其他令人羡慕的大企业家。

台湾的企业家有其相同的行事风格，对于要怎么收获就要怎么栽的想法更是彻底地施行，而放眼望去，其他地区的企业界巨子的成功，也有着相同的精神。

松下幸之助曾经说过自己非常喜欢看相扑，不过，他看的并非谁胜谁败，而是体会选手们那种一步一步地练习，充分发挥实力的精神。

据说，相扑选手总是从一大早就开始练习，一直练到黄昏，甚至深夜，且日日如此，光想到相扑选手顶着庞大的身躯去练习，这样的辛劳和毅力就足以让我们佩服和效法了。

大家都想一步登天，一下子赚很多钱，但是从古至今，我们了解到一件事：容易赚的钱，轮不到一般人，除非有特殊的本事和能力，否则，只有一步一个脚印地做。

综合以上例子，成功的认真方法在于：

（1）从小事着手。

（2）一步一脚印，以累积时间换取经验。

（3）每一个动作做到最深入最透彻。

（4）订定能达成的目标，逐步提升。

很多人都未曾将现在担任的工作当成本分全力以赴，但不管是谁、在什么领域，从大家陌生的人名到人人皆知的名人，中间的历程虽然辛苦，有不同的甘苦谈，唯一不变的是认真做事的态度与从踏出一小步开始的试炼，因为他们知道，只有如此才能滴水穿石，积少成多，达成目标，让梦想成真！

认真者的永恒信念

　　容易赚的钱，轮不到一般人，除非有特殊的本事和能力，否则，只有一步一脚印地做。

认真是选择对的，然后全力以赴

> 完成目标后，必然会受到激励，然后再朝下一个目标迈进。

为了一圆"开家贸易公司"的梦想，江英村离开了颇具名气的电子公司，和骆杰雄、周神安两位朋友集资 150 万台币，开始做起和电子完全不相干的空白录像带生意，转了一圈之后，又回到计算机信息产业。

身为"致福电子"的创业三雄之一，江英村回忆："当初因为一位做空白录像带的日本朋友找上我们，他拥有空白录像带的模具技术，并评估这个事业'投资半年之内就可以买到三部奔驰'，所以我们就做了。"

经过一年多以后，他们发现空白录像带的市场几乎被日本的 Sony、Toshiba、Hitachi 和韩国的 SKC 等

大企业垄断，而致福却只做组装加工，磁带和其他的
know how 均掌握在日、韩企业手中，虽然花钱买模
具自行制造，在内销经营上是赚钱的，但外销方面，
光产量就无法抵过日、韩，再者，空白录像带的规
格、标准都一样，并没有差异化，"所以，我们决定
离开了这个战场，转到有差异化的产业。"江英
村说。

后来，致福用空白录像带所赚的钱来投资电话机
生产和调制解调器开发。并以电话机为踏脚石，培养
公司 R&D 的技术和生产的技术。执行时却发现台湾
有一千多家厂商也一起投入这个产业，短短时间就造
成价格崩盘，跌幅大于 40%。

回忆这段往事时，江英村说："这个假象的踏脚
板差一点让我们灭顶，还好我们游泳的技术不错，仍
然存活下来，如果我们能够在空白录像带之后保持养
分，不要轻易投入新产品线，而是好好把握调制解调
器 R&D 这个重点，公司当时的情况就会更好了！"

在调制解调器之后，致福又开发了第二条计算机
信息的路线——主机板。

当年，台湾的计算机刚从 286 进到 386，大家一
窝蜂地投入，在恶性竞争之下，很多厂商宣布倒闭。

因此，当同业们听到致福将主机板列入开发路线时，纷纷表示"行不得也"，江英村却认为这个产业才正要开始，绝不能放弃，这个决定果然让致福在主机板上面占得优势。

有一句英文是这么说的："Do right thing or Do things right！"

从空白录像带、调制解调器、电话机到主机板，致福成长的过程有失有得，比起现在致福的规模而言，当初以空白录像带为主的目标显然是错误的，好在致福的创业三雄懂得调整目标，终于有今日的成绩。

一旦完成目标后，必然会受到激励，然后再朝下一个目标迈进，当然并不是认真就一定会有好的成果，此时不妨停下脚步看看，有时可能是方法错误，也可能是外在环境的不配合，而最重要的，是在一开始目标的制定是否正确，因为，所行之路是正确、正当的，这样的认真，才有成功的希望和意义。

认真者的永恒信念

    唯有所行之路是正确的，这样的认真，才有成功的希望和意义。

虚怀若谷，认真求上

经营企业需要谦虚之心，求学更是需要虚怀若谷。

提到"固力果"食品，大家第一个想到的就是它的商标——一位活泼可爱的孩子快跑到终点的模样。

创造出这个画面的，正是固力果的创始人江崎利一先生。

有一天，江崎先生在家附近的寺庙里，看到一个小朋友正在跑步，他灵机一动，决定将这个画面设计出来，印在固力果的盒子上。一开始，"固力果"的销售状况并不理想。

公司人员百思不解，无法找出问题出在哪儿。直到有一天，江崎先生问了一位女学生后才知道，原来是画面上小朋友的表情太紧张了。

得到答案的江崎，立刻更改画面，将原本的图案换成一个笑容可掬的小朋友。

此招一出，销售量果然大增，而这个"有可爱小朋友模样"的糖果，也深深地烙印在人们的脑海中。

想想，如果当时的江崎因为"老板"这个身份，而不认为应该问问别人的意见，或者对于询问的人也有先入为主的观念，可能到现在所看到的仍然是面容紧张的小朋友，搞不好还因为销售不佳而停卖呢！

经营企业需要这样的谦虚之心，求学更是需要这样虚怀若谷的心胸，因为，唯有像一块海绵一样地吸收、学习，才可能有丰硕的成果。

"台湾艺术学校"是"台湾艺专"的前身，说到"国立艺专"，那可是艺术家们的摇篮，许多知名的艺术工作者都是从那里毕业的，其中不乏绘画家、舞蹈家，或是名扬海内外的钢琴家。

提到草创该校音乐系的种种，当时的负责人申学庸女士回忆，当时的经济实在拮据，仅有两万元的经费，在买了两台破旧钢琴之后，所剩无几，只好向台湾艺术馆借场地，在画廊的走廊上课。

28 岁的申学庸以她年轻、不怕困难的爱乐之心，终于让台湾艺专的音乐系有了第一步，大家在惊讶之余，也好奇当时刚从海外回来的她，是如何办到创系的。

申学庸在一次受访时提道："万事开头难"，想要得到旁人的协助，虚心求教是很重要的。

虚心是认真的人必须具备的条件之一，一个认真的人若不懂得虚心求教，总觉得自己已经很好了，就不可能会进步。

松下幸之助曾经说过："我们必须经常听听客户的需要及建议，并诚心地接纳、虚心检讨，遇有需要改进的地方，就得立刻改善。"

即使已是如此成功的企业家，松下幸之助仍然不忘虚心求教，对于已经立定志向的人来说，更不能小看虚心求教的重要。

因为，适时的询问不仅能替你早早发现错误，更可以帮助你提早完成你所认真的目标。

认真者的永恒信念

虚心是认真的人必须具备的条件之一，一个认真的人若不懂得虚心求教，总觉得自己已经很好了，那么就不会进步。

一试再试

因为有问题，才需要一试再试，否则半途而废，就什么都不是了。

提起赵少康这个人，大家的印象总是不脱离政治与电台，但对于他过去求学时的经历，却很少人知道。

赵少康在台大毕业之后曾赴美学习，在学校他主修机械工程——这是一门需要常常做实验的课程。

有一次，赵少康为了某个实验费尽心血，但就是找不出解答来，这样过了三天三夜，他告诉指导教授："这实在是太困难了。"

"嗯，这的确是很困难。"教授看了看赵少康，心知肚明地表示赞同，却立刻丢出另一句话："这太有趣、太有挑战性了！"

听到教授大喊有趣，赵少康觉得满头雾水，他一脸不解地反问教授原因。

"你想想，我们为什么要花那么多时间来训练你？就是因为工业界有许多问题尚未解决，如果没有问题，那还需要你吗？"

教授的这段话，深深烙印在赵少康的心里，的确，就是因为有问题，才需要一试再试，否则半途而废，就什么都不是了。

在学习的路上，有时是因为能力还不够充实而感到沮丧，有时也可能受先天条件的限制而受到挫折，而如何能突破困难和危机，除了要加倍地努力外，更重要的就是一股永不放弃的决心和意志力。

对于运动员来说，若能在身高和体形上占优势，就相当于赢在起跑点：尤其是网球和篮球。

和白人比起来，黄种人在先天的条件上的确是逊色得多，以篮球来说，若让中国队和美国队的队员站成两列，就可以明显看出一高一矮的差距。

至于谁容易胜、谁容易败，或许可从这样的差距中一窥究竟。

不过，有一位华裔网球名将却打破了以往"黄种人打不进前三名"的惯例。

他，就是张德培。

自从 1987 年张德培击败澳大利亚选手麦克纳密，打入美国公开赛后，已然是美国网球公开赛中最年轻的赢球球员。

1988 年，张德培决定转入职业赛。

"张德培？你想想看，他那 65 公斤和 1.73 米的身材，怎么可能是世界级网球球员的对手？"一位专家如此说。

"张德培属于'底线型'的球员，这样子根本无法在职业赛中打出好成绩。"另一位专家认为。

无视网球专家们的评论，17 岁的张德培以他的毅力和球技，在与瑞典强将艾伯格苦缠五盘后，终于以三比二的成绩力克艾伯格，成为法国网球公开赛有史以来最年轻的男子冠军，同时缔造了"大满贯赛"最年轻球王的纪录。

不仅如此，张德培也是在红土球场举行的法国网球公开赛拿到冠军的唯一亚裔男子选手，而美国自公元 1955 年以来，就不曾有球员创下这样的佳绩。

他的杰出表现，使得原本不看好他的网球专家们跌破眼镜。

而他在每一次打球时，那种不放过任何一颗球的精神，也紧紧揪住了观众们的心，有多次比赛中观众起立为他鼓掌。

张德培曾经说过这样的一段话：

"当我想完成一项目标时，我会一直不断地去试，直到完成它为止。"

也就是这种"不想输"的人生哲学，让张德培屡上巅峰。

你呢？在奋斗的路程中是否也有着不同或相同的阻挠和受限？在面对时，你是以什么样的态度去面对呢？你可以不去勉强自己就此停手，虽然辛苦不一定会成功，但是，成功是一定需要努力的，与其逃避而毫无所获，不如再给自己一次机会勇敢地放手一搏！

认真者的永恒信念

　　如何能突破困难和危机，除了要加倍的努力外，更重要的就是一股永不放弃的决心和意志力。

认真需要不断地被激励

> 生命就像是一艘知道航程目的，却从未经历过的帆船。

《禅，生命的微笑》一书作者郑石岩先生，自幼就接触佛教，加上政大教育研究所的学历，以及老师等心理辅导资历，使他比一般人更能体会生活与禅学、佛学的关系，因此，当他以简单易懂的文字来阐述禅学时，立刻就获得莫大的回响。

在大家的肯定之下，郑石岩日后又写了数本书，但是，令他最难忘怀的，应该是他的第一本书吧，因为他是躺着完成它的。

出书对郑石岩来说，无疑是个改变他人生的机缘。1985 年的某一天，郑石岩因为登山不慎而摔伤了脊椎，肉体上的痛苦当然不在话下，他不能站，也无法坐，初期竟只能躺在草席上，这样的身心折磨，让他对生命渐渐丧失了斗志。

有一天，郑石岩的太太回到家，看到他又是一脸的愁云惨雾，忍不住开口指责他的不是，因为平日的他总是告诉大家遇到困境时要接纳自己、好好生活，然而当他自身遭逢难关时，所做的却又是另外一回事。

太太的一番指责对郑石岩来说，竟成了一种激励，他告诉自己，就算两腿都不能行走，也要接受事实，好好地生活。

说也奇巧，当郑石岩立志要面对现实时，一位出版社的老板找上门，希望他能贡献所学来出书，就这样，郑石岩每天躺着写稿，终于完成了他的第一本书。

这样看来，人类旺盛的生命力真的是一种很特别的能力，无论遇到多大的痛苦，只要能秉持心中的那份定力，都一定能克服万难，而人的潜力也往往在一次次的考验中被激发。当然，若是能配合适当的鼓励和肯定，更能展现出最丰硕的成果。

13 岁的广田定一，年纪轻轻就被送到一家西点蛋糕店当学徒，从清晨 3 点起床到深夜 12 点才能就寝的生活极为辛苦，很多人都受不了而离职，可是，广田定一并不抱怨，他只想把做西点的手艺学好，竟因为过度劳累而罹患神经衰弱症，那年，他才 21 岁。

由于曾经听过日莲大师传教的故事，深受感动的广田定一从小就立志要像日莲大师一样，无论遇到什么困难，都要实现心中的愿望，因此，在 1924 年，广田定一终于独自创业，开了一家西点店。

对于广田定一而言，西点店的开幕是实现他愿望的第一步，他的心愿是将他做的西点行销到全日本，让全国都知道他的手艺。

但是，该怎么进行呢？

广田定一想了一个方法。

1947 年的某一天，外交部来了一个圆圆胖胖的男人，他说："我想替麦克阿瑟将军做一个生日蛋糕，请帮我写一封推荐信。"

这个男人正是广田定一，虽然他有这番勇气，可是，外交部根本没人认识他，更别说帮他写推荐信。

碰了满鼻子灰的广田定一并不气馁，他决定直接到美国大使馆交涉，将这个消息传达给麦帅夫人，并获准在官邸内做蛋糕。

麦帅吃了他所做的那外形像富士山的蛋糕之后，

寄了一封感谢函给广田定一。

得到麦克阿瑟将军的肯定后，广田定一终于在1949 年开发了专为儿童做的奶油泡芙，这种甜点在当时一个只卖十元日币，而且非常受到欢迎，打响了广田定一的名号，后来居然还赢得了"奶油大王"的绰号。

广田定一将他对西点制造的热情转化为行动，并以一些小成就来激励他的热情，成为加码前进的力量，而且他的成果斐然，当真不负他初期努力学习的苦心。

生命就像是一艘知道航程目的却从未经历过航行的帆船，有时顺风有时逆风，也许会一帆风顺，也可能会遇到始料未及的暴风雨，你所能控制的也许仅是手中的桨和舵，但却也是能否达到目的地的关键，相信自己的选择，勇敢地前行，但更重要的是要以一颗乐观的心去接受所有的嘉许和意见，你将会发现，除了自身的努力外，旁人的鼓励就像是一层温润的润滑剂，让你能更具力量地昂首阔步。

认真者的永恒信念

　　人类旺盛的生命力真的是一种很特别的能力，无论遇到再大的痛苦，只要能秉持心中的那份定力，就能克服万难。

认真的人会亲身探索

"唯有经过亲身探索，才能迈向成功之途。"

——本田宗一郎

假设你是一个进入社会的人，而且拥有一份不错的职业，一旦感觉自己受到不平等待遇时，你会不会为了解决这个不平等而放弃原本的工作，重拾学生生涯，跑去考法律系？

"社会上不平等的事情太多了，会这样做的人肯定是头壳坏掉！"这是大部分人的答案。

但是，有一个人却真的跑去念法律，而且还开起了律师事务所。

她，就是邱彰。

从台大植物系毕业，到美国新泽西州立大学研读生化学，邱彰的博士学历让她得以进入美国一家颇负盛名的制药厂工作。照理说，能够在这2万多名员工的大公司求得一职，是人人羡慕的事，但对邱彰而言，却不是那么的如意。

由于对东方人的歧视，以及一直以来的男女不平等，使得邱彰在升迁方面遭到了另类对待，好的机会总是被男同事们先拿走。

深感不平的邱彰因此向上司、上司的上司及更上层抗议，却都没有得到一个让她心服口服的答案，直到她向"全国有色人种组织"的一名律师请教，并发了一封信函给公司老板后，情况才有所改变，她，果然接到老板的升级命令。

令邱彰意想不到的是，这一次的升级虽然让她连跳三级，相对地，她却必须到一个没有人理会的实验室，这样"明升暗降"的安排再一次激起了邱彰不服输的心理，其实，光靠别人帮助是没用的，最好的方法是自己也要懂得法律，因此她决定"弃业从学"，并在苦读法律学之后，如愿以偿地考上法律系。

所谓隔行如隔山，所以对跨领域的事实，不了解是很自然的，但差别在于邱彰愿置身其中去学习，这似乎是很多知识分子所缺乏的一分虚心和勇敢的态度，不是吗？

"你们有谁知道牛角是长在牛的耳朵前面，还是
耳朵后面？"

有一次，本田公司录取了一批刚从大学毕业的新
人，当本田的老板对着这些学历良好的新人问话时，
所有的人都变得鸦雀无声。

"这个问题，我曾经问过很多人，但都没有人给
我答案。"本田宗一郎随后说道，直到有一回，一位
画家朋友在纸上画了一画，才告诉他，牛角是长在耳
朵后面。

这个故事的意义并非在于多了解牛的构造，本田
所要强调的是：画家朋友之所以能够找到解答，完全
是因为他曾经观察过牛，并动手去画的结果。

"唯有经过亲身探索，才能迈向成功之途。"本
田宗一郎下了这样的结论。

坐而言不如起而行，道理人人都懂，但却并不是
每个人都能做得到，唯有亲身经历过一趟才能了解其
中的奥妙，因为只有你认真努力去摸索所得的结果，
才真正属于自己。

认真者的永恒信念

只有你认真努力去摸索所得的结果，才是属于你自己的。

CHAPTER 4

认真，且看时机

认真是永不放弃的态度

> 遇到困难时，通常只有两条路可以选择，一是放弃，一是继续。

遇到困难时，通常只有两条路可以选择，一是放弃，一是继续。

选择放弃，就能够不用再面对困难，但，相对地也失去了斗志。

选择继续，虽然得和困难搏斗，但却能从对抗困难的过程中，学到更多的东西，并尝到甜美的果实。

1980 年年底，退伍后几个月，周俊吉抱着初生牛犊不畏虎的精神，开始了他的老板兼小弟生涯，当时的"信义公司"坐落于信义路 2 段新光百货的楼上，成员只有 3 人，分别是周俊吉及其太太，以及周俊吉的同学。

再怎么小的公司也需要人手，尤其中介这个行业更是需要好帮手，"信义"成立不久就开展招聘事宜，偏偏员工的稳定性不够，人多时可达二三十个人，人少时就连十几个人都不到，而员工的流动让公司的损失也很大，周俊吉回忆说："在1986年，公司的经营比较艰困，到了年底要发年终奖金时，我和太太经常去当铺筹钱。"

在周俊吉的经营理念中：公司再怎么亏损，也要发年终奖金，"没有钱就跟亲朋好友借，借不到就去当铺当首饰，所以过去有段时间，我几乎每个月就要跑一趟当铺。"

当时，台湾的当铺有公营和民营的差别，公营的利息很低，但超过两万元就会调高利息，周俊吉为了省利息钱，几乎跑遍台北所有的公营当铺，连偏远地带也不放过，这里借两万，那里借两万，为的只是能如期地发放薪资给员工。周俊吉说："虽然经营艰困，经常赔钱，可是我没有迟过一天发薪水。"

周俊吉认为既然选择了创业，就要撑到底，他说："从创业到上当铺的日子的确艰苦，很多人叫我不要再撑下去了，选择别的行业试试看，我也相信，若换成别人大概早已经把公司关掉。"

　　面对现实的困难，周俊吉的内心只有一个想法：如果我今天把中介做得很成功，再从两三个行业中挑一来做，那才叫作选择；如果我是因为做不下去而去做别行，那不叫选择，而是一个被打的落水狗。

　　就是这股执着和对房屋中介业的理想与信念，就读法律系的周俊吉仍然继续为他一手催生的"信义房屋"奋斗着，而他的努力果真没有白费，今日，"信义房屋"俨然是同业中的佼佼者，也是台湾第一家上市的房屋中介公司。

　　这样的成就绝非偶然，所付出的心血和代价更是一般人无法想象的，我们在周俊吉的身上，不但看到了对自己的期许和坚持，更重要的是一股为理想和他人负责任的态度，这样的信念和热情在现今充斥着个人主义的社会里，更是难能可贵。然而很多从无到有的成功，不也就是在这份执着之下的成果吗？

　　除了"信义房屋"的成长，在我们的生活中，也有不少这样的例子，例如，我们耳熟能详的消基会，成立至今也是走过了一段艰辛的路程。

　　现在是个消费者导向的时代，许多商家都把"顾客第一"当成座右铭，其实，在 20 年前，消费者的权利可是一点儿都没有受到重视，买到过期食品，顶多不吃就好，买到夸大不实的商品，也只能"恬恬吃三碗公半（闽南语，默默吃亏）"，自认倒霉，可是，有一个人却看不惯这种"把消费者当乌龟"的情况，他，就是李伸一律师。

1980 年，社会上发生了"贩卖假酒"及"多氯联苯"事件，看到不法商人昧着良心害得无辜的消费者中毒受灾，总是追求公平正义的李伸一，决定站出来为消费者做点事，他四处奔走，以一张桌子、一部电话、一位工作人员及一群热心的义工，成立了"消费者文教基金会"，除了处理消费者权益问题之外，也主动过滤市面上良莠不齐的商品。

这样的举动，会让不良的商品浮上台面，如此一来当然遭到许多厂商的压力与威胁，面对各方的打压，李伸一仍然义无反顾地继续喊着保护消费者的口号，终于得到了大众的支持。

回想过去的点点滴滴，李伸一说："我并非个性十分激烈的人，但对于已经决定的事情，我就不会放弃。"

相信有这样想法的人一定不少，但是在现实生活中，能在面对困难时，也如此地坚持和落实，就不是人人能做得到了。

　　无论是首先采用"高底薪"来取代"低底薪、高奖金"制度的周俊吉，还是唤醒消费者意识的李伸一，都能够在最艰难的时刻，不放弃他们所坚持的理想，并对认真做了最好的见证。那就是，认真是永不放弃的态度，因为一旦放弃了就不会有成果。

认真者的永恒信念

　　认真是永不放弃的态度，因为一旦放弃了就不会有成果。

持之以恒

> 在绚烂的掌声背后，比别人多付出的努力和心血，是永远也无法计算的。

我们常用"虎头蛇尾"来形容一个人做事只有三分热度，刚开始时兴致勃勃，后来就随随便便，以为差不了多少，其实，这中间学问可大了！

有一位作者的小孩，今年才 20 岁，却被他在加拿大就读的学校誉为奇才，因为刚从大学毕业的他，总平均分竟高达 100.8 分。

100.8 分？

有没有搞错？一般来说，满分应该是一百分，怎么会多出零点八？

原来，这位高材生科科满分，只有英文考了 90 多，没想到，在考计算机这个科目时，计算机竟给了他高达 120 的分数！

现在月收入 15 万元的他，到底为什么能成为这样一位奇葩？

"因为我很重视孩子的教育，"他的父亲说，"从幼儿园开始，我每个月花将近 7 万元的补习费，请各科老师来替孩子们上课，有专教英文，也有专教日文、历史等，每天 3 小时，持续了近 20 年。"

有一天，一位日本客户来台，他的父亲就请他当导游，带客户四处走走。

结果，日本客户很笃定地问他的父亲："你儿子已经在日本住很久了吧？"

"没有，他根本没去过日本。"

"这……这怎么可能？"客户惊讶地说，"他用日文解释故宫里的宝物，解释得比日本人还要好！"

不但如此，这位奇才还精通多国语言，他的英文也很好，高中未毕业，就以近 600 分的托福成绩出去念书，这样的成绩并不是一蹴可及的，尤其是对一个小孩来说，除了先天上父亲教育理念的落实和环境的栽培，更重要的是自己在兴趣之余愿意花下心力和时间。我们往往只看到一个人成功的果实，然而在热烈的掌声背后，比别人多付出的努力和心血是永远也无法计算的。

不管是空间还是时间的变迁，这样的道理似乎都是恒存不变的。台湾有这样一位奇葩，无独有偶，在外国也有位学者从小就在父亲的关切下开始学习多国语文，他就是曾出版《自由论》一书的桥勒先生。

对于这位精通多国语言的大思想家，大家一定很难相信，3岁时的小桥勒，是个连英文都说不好的孩子，即使如此，他的父亲却开始教他希腊文，就这样坚持了五年，在不断的潜心学习下，八岁的他不但能读完以希腊原文写的《伊索寓言》，还开始学习拉丁文和数学。

就因为他一直持续地努力，不管遇到多大的困难也不轻易地放弃学习，因此，虽然只是个小学生，他已经遍读中学、大学所选的拉丁文和希腊文作家的作品。不但奠定了他的语文能力，更是培养出对学术的热诚和追求真理的认真态度，也因此成为举世闻名的大思想家。

这两个故事告诉我们，如果一个人不但从小就开始做同样一件事，更重要的是能持之以恒、全力以赴，将来的成绩一定很令人刮目相看。

就拿学英文来说，很多人总是怪自己资质差，所以英文怎么学都学不好。既不愿意每天多花时间学习，又不肯多花精力背背单字文法，一碰到无法突破的瓶颈也不愿意想法子解决，因此，喊了好几年要学好英文都仍没有改善，其实，真的是天资不好吗？

如果比照上面的故事，真的要扪心自问，应该是不够认真，不够持之以恒的关系吧！

想想，人家可是从小开始，花了整整20年的苦功学习，而你呢？

认真者的永恒信念

如果一个人不但从小就开始做同样一件事，更重要的是能持之以恒、全力以赴，将来的成绩一定令人刮目相看。

认真的人会心甘情愿

认真不仅是自己行动促发的动力，更进一步的，因为这股真诚和执着，也往往是旁人一同跟进的原因。

好多年前，在印度有一位棕色皮肤、骨瘦如柴，总是穿着破旧衣服的男人，他躺在帆布上宣布绝食，并希望大家一齐吃素，直到他死亡为止。

当事情被报导出来后，全世界为之轰动，报章杂志都相争以粗黑的大标题来刊载这件事以及这个绝食者的生平，因为他是默罕达·甘地——一位称得上世界圣雄的精神领袖。

印度可说是世界上人口最多的国家之一，出生于此的甘地，曾经留学英国，并拿到律师资格，回忆自己第一次上法庭的经验，甘地在自传中说："我应该要质询原告的证人，可是，当我一站起来时，却发现自己的双脚抖个不停，原本准备好的资料，在脑海中全都消失无踪，几乎连一句话都说不出来。"

于是，怯场的甘地只说了一句："我无法处理这个案子"，就在大家注视的眼神下，离开了法庭。

以后，只要是出席会议或在人多的地方，甘地总是采取沉默不出声的态度，偶尔他好不容易鼓足勇气发问，主席却已讨论别的议题。

曾经是如此沉默的甘地，在面对印度人以激烈的手段向英国争取独立时，教大家以和平的方式争取，最后，他以一根手指头、一句话激起了印度人民齐心向英国政府抗争，为人权而努力。甘地是如此心甘情愿地牺牲自己以唤醒大家，他的真诚也感动了全世界，连他走过的土地，都有农民尊敬地吻着他踩出的足印。

认真不仅是自己行动促发的动力，更进一步的，这股真诚和执着，也往往是旁人一同跟进的原因，这样的情形，尤其在任何和平革命的活动中更能显现它无比的号召力。

昂山素季是缅甸国父昂山将军的女儿，同时也是缅甸反对党的领袖，由于受到西方教育自由的熏陶，以及马丁·路德·金的民主思想影响，心甘情愿为此奋斗的昂山素季，就这样开始了她为缅甸争取和平、自主的理想之路，也因此被缅甸当局禁足长达十年之久。

坚持与缅甸政府和平谈判的昂山素季，虽然遭受到如此严厉的判决，仍然不改她的坚持，这股对于自由民主的热忱和执着，不但受到人民的爱戴，她更是1991年的诺贝尔和平奖得主，以精神感动了所有爱好自由的人。

在政治的领域中需要这样认真的态度，事实上，在各种地方都需要这样的坚持，特别是强调以精神为主的宗教世界，更是必须具有这般的态度。

佛光山创始人星云法师因为认真于他弘法的目标，即使遭到别人的批评，即使需要再多的苦行，他都心甘情愿，为的不是名，也不是利，就仅仅是一股对理想的执着和坚持，让他在各种考验下，都不改追求真理和目标的信念。

而今的佛光山，不仅是举世闻名的宗教圣地，更是佛教界的精神指针，能有这样的成就，相信是星云法师当初始料未及的。

　　不管是甘地也好，或是昂山素季，以及星云法师也好，他们受人尊重的原因，都不是什么名利之事，但是，他们的共同点都在对生命的执着和热情，不仅最后达成了他们的目标，更为世人留下了完美的典范。

认真者的永恒信念

　　对生命的执着和热情，才能帮助自己完成目标。

认真者会锲而不舍

在追求旅程上需要这样的坚持，更是需要百分之百的绝对和纯粹。

美国有史以来第一位华裔航天员是谁？

答案是王赣骏博士。

1985 年 4 月 29 日是个值得纪念的日子，这一天，王赣骏成为美国第一位华裔航天员，同时也是全世界首先登上太空做科学实验的物理学家。

连同王赣骏一行 7 位科学家，乘着"挑战者号"航天飞机，欲在太空进行为期 7 日的实验，而王赣骏做的是一个名为"液滴动力"实验。

升空第二天，这群科学家们马上遇到了困难，他们带去的"液滴动力实验仪"竟然发生故障，大家心知肚明，实验仪一旦出现问题，任务肯定无法完成，于是通知地面控制中心，他们所得到的消息是

"反对在航天飞机上修理仪器"。

面对控制中心的反对，主导这次实验的王赣骏独排众议，决定要放手一搏，他在没有工具、没有零件的恶劣条件下，不眠不休地工作了 16 小时，终于在第四天找出仪器故障的原因，不但将它修理好，还顺利完成实验。

王赣骏如此锲而不舍的精神，令大家为之感动，也相继报道了他的个人资料，令人惊讶的是，这位著名的太空博士，当年竟然是位大学联考落榜的小子。

大学联考落榜的消息对王赣骏来说，无疑是一个很大的打击，但是，王赣骏并没有因此而放弃，他在脑海中开始为自己的未来计划着，希望能好好地开创自己的生涯。

因此，接受父亲安排的他在香港公司做事之余，买了一本原文大专微积分和一本原文的大学基础物理，并利用下班时间苦读，每天花在书上的时间几乎长达 8 小时，也因此打下了数学与物理的基础，"皇天不负苦心人"，在经过苦读之后，王赣骏终于进入美国的大学，并从此开始一步步往上读，在 1971 年得到了物理学博士的学位，为他日后登上太空奠定了基础。

在学问追求的旅程上需要这样的坚持，而在艺术领域中更是如此，尤其是对美的要求，更是需要百分之百的绝对和纯粹。

如果要你踩在一块如同信用卡大小的石头上，并舞出将近一百四十个动作，有没有可能？

听起来很不可思议，是不是？

可是，"云门舞集"的舞者确确实实在"焚松"的演出中做到了。

只要说起台湾的舞蹈艺术，大家第一个想到的必是"云门舞集"，可是，在云门近年愈来愈有名的背后，很少人知道云门舞集其实早在1973年就创立了。

历经20多年的苦心经营，云门的创办人林怀民先生曾经面临经费拮据的现实，也曾遇到演出冷场的窘况，对于一般人来说，干脆就将云门解散算了，可是，林怀民却不这么想，仍然马不停蹄地向政府机关争取经费，到各个城乡的文化中心演出，为的只是想提升台湾人民的文化水平，以及唤醒大家那颗被物质生活掩盖已久的艺术情怀。

林怀民和团员们的苦心总算没有白费，除了云门每次的演出都出现了一票难求的情形，其他地区也慕名邀请云门去表演。

欣赏云门的表演，每一次都让人感动不已，特别是艺术的表现原本就是很主观的，很多人都表示，感动的不仅是呈现出尽善尽美的舞蹈，更让人佩服的，是林怀民先生对艺术的认真，以及那股锲而不舍的精神。

任何成功的事物，除了要有天时地利人和的优势外，更重要的是必须要有认真的态度，以及绝不懈怠的精神，相信只有这些因素的组合，才能创造出最完美无缺的结晶。

认真者的永恒信念

任何成功的事物，除了要有天时地利人和的优势外，更重要的是必须要有认真的态度，以及绝不懈怠的精神。

认真与执着

有没有人可以一直保持认真的态度？

有没有人可以一直持续着认真的态度？

当然有，但是，当你在持续认真的同时，执着已然悄悄进驻你的心房。

无线电带给人类通信上大大的便利，追根究底，都得感谢发明无线电的马可尼先生。

年轻的马可尼，对通信有极大的兴趣，他曾经在家中试着传递无线电，在传递成功后，就在住家附近进行长达两英里的远距离实验，并同样尝到成功的果实。

这次的实验引发他对无线电更大的野心，他开始疯狂地研究，认为自己一定可以创造历史，不过，马可尼的父亲可不这想，不但不支持他，还批评他在浪费时间。

庆幸的是，马可尼并没有因为父亲的讽刺而放弃，仍然执着于他的研究。

27 岁那年，马可尼认为时机成熟，应该可以尝试更远的无线电传递，这次，他挑战的不是住家附近，而是越过一个海洋。

首先，他在纽芬兰登岸，在海边，马可尼放出了一架竹子做的飞机形状的风筝，没想到，这只风筝飞不了多远，就被海风给吹断了。

有了前车之鉴，第二次，马可尼面对对岸放了一个气球，这次，气球虽然没破，却被风吹落海里不见了。

虽然前两次的实验都宣告失败，执着的马可尼仍然不放弃，他做了一只又大又坚固的风筝，看着风筝随风飘向英国，直到失去踪影为止。

马可尼驻足在纽芬兰岸边，等待着从英国传回来的信号，然而，一小时、两小时、三小时……数小时过去，马可尼却什么都没有听到。

"原来，我的实验真的不可能成功！"失望的马可尼喃喃自语，他想，这么久都等不到响应，自己的想法果然是错误的。

就在马可尼彻底绝望时，他突然听到了一些小小的滴答声，他终于成功了。

当英国政府将马可尼发明了无线电的消息透露出来后，世界各地为之轰动，在科学界更是掀起了热烈的讨论。

想想，如果27岁的马可尼在任何一次实验中放弃了理想，将无限的空间化为短短的时间，那么，说不定今日我们还不知道大哥大是何物呢！

认真者的永恒信念

幸运之神敲门时，你是否已准备充分，蓄势待发？

认真是随时随地再出发

　　如果有一个人在没钱、没地方住之余还失去挚爱，并有一大笔钱要还，那么该怎么办？

　　对你来说，什么事情是你最难面对的？

　　是没钱？没地方住？还是失去亲朋好友？

　　如果有一个人在没钱、没地方住之余还失去挚爱，并有一大笔钱要还，那么该怎么办？

　　这，正是庞德夫人的境遇。

　　庞德夫人的先生是位充满爱心的医生，在一个大雪纷飞的夜里，他为了替一位病情危急的患者看病而出诊。走在结冰而冻硬的马路上，庞德医生并没有注意到身后有一个顽皮的小孩正准备将雪球丢向他，就在雪球击中庞德医生时，一桩悲剧发生了，跌到地上的庞德医生竟倒地不起，就这样摔死了。

面临心爱的丈夫去世的事实，体弱多病的庞德夫人只能独自一人撑起维持家计的工作，可是，庞德医生留给她的，是一笔极大的债务，和一个年纪尚幼的独生子，她到底该怎么做才好？

许多人同情她的处境，表示愿意帮助她，但都被庞德夫人一一婉谢，好强的她带着爱子离开了原本的地方，来到芝加哥，准备和未知的命运博斗。

原本，庞德夫人想靠做买卖为生，可是，没有生意头脑的她完全失败了，在这之后，她决定发挥自己所长，以创作歌曲为主，然而，即使她努力地写了不少歌，但就是没有人愿意替她出版。

虽然如此，庞德夫人仍然不死心，当她穷得没钱买纸时，她就用包东西的旧纸写曲；当她没钱点油灯时，她就点起蜡烛，在些微的烛光下创造出属于她的音符。

有些花儿只开放几天；

每个人都赞赏它们，喜爱它们，

把它们当作春天和希望的象征。

即使，它们即将凋谢，

但是，它们已做完它们该做的事……

——库伯勒·罗斯

冬天，往往是庞德夫人最难度过的季节，怕冷的她由于没钱买木头回家取火，几乎一整天都窝在床上，有一阵子，庞德夫人写的曲子都卖不出去，害得她穷到每天只能吃一餐，雪上加霜的是，即使知道庞德夫人没钱，上门讨债的人依然不断，最后还把她的家具全都搬走，此时，庞德夫人几乎连房租都快付不起。

庞德夫人就是在这样的逆境中随时出发，她不断地写着新歌曲，15年后，庞德夫人完成了一支名叫"一日终了"的曲子，这支曲子一推出，就得到大家的注目，一下子卖了600万张，替她赚进了25万美元。

从此，庞德夫人应邀到各地演唱，她的价码是一场1000美元，和当年一首歌5美元钱不到的凄凉景象，简直是无法比拟。

奋斗了15年的庞德夫人，终于摆脱了贫穷，许多人羡慕她的一鸣惊人，却没看到她曾经经历了多少的辛酸，要不是庞德夫人在曲子不好卖时，懂得从失意中随时随地再出发、再继续写曲，她就不会在15年后大放光芒，甚至在老罗斯福总统和哈定总统时代被邀请到白宫中演唱了。

　　相较于庞德夫人，一般人在遇到打击时，总会有一朝被蛇咬十年怕井绳的心态，面对相同或是类似的难关，也是避之唯恐不及，然而，成功与否的关键，就在于是否能坚持理想，以及在面对困难时，永远保持重新出发的热情。

认真者的永恒信念

　　成功与否的关键，就在于是否能坚持理想，以及在面对困难时，永远保持重新出发的热情。

认真通常跟时间有关

如果，你正为了完成一个理想而认真，那么你就必须了解，认真与时间有着密不可分的关系。

每回你觉得
再也撑不下去了
不知从哪里
忽然射出一道光芒
这小小的一道光芒啊
能恢复你的元气
赋与你能量
指引你继续走下去

每个人的智商都差不多，但是对事业所花的心血就不见得相同。

神通集团董事长苗丰强每天至少工作 12 至 14 小

时，晚上 11 点以后的时间就用来和海外公司联络，他笑着说："以前我连星期日都开会呢！"

想想，如果你一天 24 小时有一半都为的是同样一件事或是目标而努力，那么，举目所观都会只注意到相关的事物，张耳所听也都只注意到有关的声音，所有的思绪都放在这个上面，又怎么可能会不成功呢？

如果，你正为了完成一个理想而认真，那么你就必须了解，认真与时间有着密不可分的关系。

因为，有些事情可能几天就会完成，但也有很多事情无法一下子就达成，甚至要花上二三十年才能有所成就，特别是许多的艺术或文学的创作，更是必须经历好长一段时间去打根基。

擅长写诗的文坛巨将爱伦·坡，其所写的神秘小说和十四行诗在世界各地都引起了一阵阅读潮，可是，在爱伦·坡发迹之前，他可说是失意到极点。

大学时期，就读于弗吉尼亚州州立大学的爱伦·坡，因为爱赌又爱喝酒被学校开除，而在进了以严厉闻名的西点军校后，仍然无法顺利毕业，因为爱伦·坡在持枪练习的时间躲在屋内写诗，并因此受到校方的军法处置，最后被开除学籍。

　　和许多著名的艺术家一样，爱伦·坡几乎是一生潦倒，甚至因为穷得付不起医药费而丧失了挚爱的妻子。

　　今日，提起爱伦·坡，大家第一个想到的就是《乌鸦》这首诗：

　　这里有一只乌鸦，它没有振翅，只是安静地俯着，

　　只是安静地俯着，

　　在我门上挂有一尊智能之神的雕像，

　　它，就俯卧在那凄白的胸上，

　　它的眼神，仿佛如梦中所见，恶魔般地满是凶险，

　　而流射下来的灯光，

　　正将它的影子映照在地板上。

　　这首名为《乌鸦》的诗，是令美国文坛为之疯狂的爱伦·坡最著名的作品，可是，你知道他花了多久的时间完成这首诗吗？

　　答案是十年。

　　有一句话说："十年风水轮流转"。无论是什么

事，一旦决定了，就该认真去做，不可因为失败或挫折而轻言放弃，否则，如何能得到真正的成功？

当然，在等待开花结果的过程中，总会有抑郁不得志的时候，但只要振作不懈怠，必能等到局势改变的一天。

不如意时，请想想爱伦·坡吧！

认真者的永恒信念

不要因为失望或挫折而轻言放弃。

认真通常是面对困境的唯一工具

> 没有人相信我可以做得起来，甚至连我自己都有些怀疑，可是我毫无退路，必须义无反顾地往前走。

大学一毕业，就被征召回台湾挑起重担的裕隆少东严凯泰，在公司连续亏损三年、许多人等着看好戏的窘境下，开始了卧薪尝胆的生活。

不顾员工拉白布条的抗议，严凯泰实行了"厂办合一"的决策，将裕隆分别位于台北、桃园、新店的几个机构，统统集中到苗栗三义，并且精简了三分之一的人力，使得裕隆能扭亏为盈。

形容自己"从五岁懂事开始，就决定把裕隆办好"的严凯泰，回忆昔日的情形说："当年所有的报导对我来说都是很大的打击，因为没有人相信我可以做得起来，甚至我自己都有些怀疑，可是我毫无退路，必须义无反顾地往前走。"

其实，就严凯泰美国大学毕业的学历来看，就算他不扛起复兴裕隆的重任，日子仍然可以过得不错，但是，严凯泰认为，这样做有负于人生的意义，他说："人生的意义，就是把事情完成，从逆境中，将状况稍稍转得顺一点。"

在成功的过程中，即使遇到挫折，严凯泰还是不停地突破困境，Cefiro、New Sentra、March，纷纷为裕隆创下极高的营业额，这样的成绩，令当初等着看好戏的人，也不得不对他竖起大拇指。

企业经营的态度是应如此才能成功，而人生的旅途中又何尝不是呢？

苗栗有一位薛庆光先生，在1999年完成了"倒着骑单车绕台湾一周"的壮举，引起了大家的注目。

其实，除了会倒着骑单车之外，薛先生也曾多次在知名的国际马拉松赛中倒着跑，引起各国选手们的注目，1998年，他还向万里长城挑战，在长城上倒着跑。

这位靠着"倒退噜"让人连连称奇的薛庆光先生，到底为什么能够与众不同？是他的运动神经特别发达？还是他有异能？

其实都不是。

12 年前，薛庆光的健康出现状况，在鬼门关前走一遭的他，便与运动结下不解之缘，不过，凡事开头难，在开始练习倒着跑时，不是愈跑愈歪，就是脚打结绊倒，接下来练习倒骑单车时，更是跌得满身乌青，一连串的失败和皮肉之伤，让他一度想放弃，甚至连倒着坐在单车上都害怕。

后来，薛庆光领悟到愈害怕就要愈面对它的道理，靠着朋友的搀扶和自己不服输的心态，克服心理上的恐惧，他，终于成功了。

我们常听人们鼓励自己或朋友说：从哪里跌倒就从哪里站起来！从薛庆光的身上让我们更相信，唯有勇敢地面对，才是克服所有困难的方法，也唯有顶着不到最后一刻决不轻言放弃的信念，才能生出源源不绝的生命力。

生为人类，难免会遇到困境、产生烦恼，有的人遇到难题就苦着一张脸，有的人却像严凯泰和薛庆光一样，愿意面对它、解决它，其实，不轻易被困境击倒的人，正是对自己认真的人。因为对自己认真，所以不逃避，反而会思考如何解决问题。

　　"人生不如意，十之八九"，困境的出现常因为资金不足、能力不够，或是外在环境不好，而当你什么都很背的时候，认真通常是你仅有的工具，唯有认真，否则一无所有。

认真者的永恒信念

　　"人生不如意，十之八九"。困境的出现常因为资金不足、能力不够，或是外在环境不好，而当你什么都很背的时候，认真通常是你仅有的工具，唯有认真，否则一无所有。

不犯同样的错误

> 钢琴名家陈毓襄曾经说过："我所关心的并不是名次，而是我是否能在演奏中，将琴艺灌注于每一个乐章里。"

许多钢琴家因为只重视能否出名，就忘了再追求进步，那么他的艺术生命也就停止了。钢琴名家陈毓襄曾经说过："我所关心的并不是名次，而是我是否能在演奏中，将琴艺灌注于每一个音符里。"

波哥瑞利奇国际钢琴比赛是一项难度很高的比赛，参赛者必须是曾在其他的国际比赛中得过奖的人，所以，200多位报名者中，只有43人获得参赛的资格，其中只有12人得以进入复赛，最后只有8人进入决赛。而在当时年仅23岁的陈毓襄在台上演奏时表现出一派大将之风，所有8位进入决赛的优秀钢琴家之中，她的年纪最轻，并获得13位裁判的青昧，并赢得75000美元的奖金，还得到英国前首相希斯的颁奖。

陈毓襄曾经在许多的国际钢琴比赛中得到大奖，所累积的名气与奖金也一次比一次丰厚，但是她心中所承受的压力与得失心也就一次比一次更为沉重。虽然她的年纪很轻，却不愿意犯下相同的错误。她也曾因为对于前途的发展感到困惑，而求教于宣化上人。宣化上人告诉她："你要能真正不贪名、不贪利，能不为名利所动，就不受人控制，自由自在、无牵无挂，这才是真正的音乐。"

其实外在的环境和压力并没有太大的改变，但是，心态的调整使得她更有勇气去面对未来，愿意从别人的经验中学习，并不是每个人都能做到的，但只有如此要求自己才能有更大的进步。

现代人很容易生病，当久病不愈时，总会开始紧张，逢人就问："哪里有名医？"

名医之所以有名，不外乎是医术精良、救人无数，但在妙手回春的同时，往往被人忽略掉他们为了研究病情而焦头烂额的认真的一面。

毕竟，医生这个行业和其他的行业不一样，别的工作做错了，大不了再来一遍，可是，医病这件事，可不能胡乱下判断。

为了不要重蹈医界盛传的"每个名医的背后都跟着几条命"这句话，许多医生总是兢兢业业地诊断着每一位病人，生怕一个不小心会造成难以弥补的伤害。

由于时下男女的结婚年龄愈来愈晚，高龄产妇也愈来愈多，对于年龄比较大的孕妇，妇产科有一种称为"绒毛穿刺"的检查，可以在孕妇怀孕八周时测出婴儿是否有唐氏综合征的危险，也一度引起了"绒毛穿刺"热。

然而对詹益宏这位资深的妇产科医生而言，在提到绒毛穿刺时，他总是建议孕妇们能不做就不做。

原来，绒毛穿刺虽然能筛检出唐氏综合征的机因，却也有其他潜藏的危险，比如，有的孕妇会因此而流产，也有百分之一二的胎儿会因此被断手断脚。

詹益宏以自己的经验提到，在流行绒毛穿刺术时，他曾经替 800 多位孕妇做过这样的检查，并且都平安无事，可是，就在不久之后，他看到一个生下来就断手断脚的婴儿，并得知这可能是绒毛穿刺所造成的，这样的情景使得詹益宏难过不已，从此，他都尽可能不给孕妇做绒毛穿刺。

　　"人非圣贤，孰能无过"，但若以此作为借口，恐怕很难有进步的情况出现，尤其是所做的是攸关他人的未来的事时，懂得要求自己不要犯相同的错误是多么重要的态度！

认真者的永恒信念

　　"人非圣贤，孰能无过"。但若以此作为借口，恐怕很难有进步，尤其是所做的是攸关他人的未来的事时，懂得要求自己不要犯相同的错误是多么重要的态度！

乐天知足

只有一颗健康的心灵，才能面对和包容所有的不顺遂。

泰韦尔斯小时候，在一次与邻居游戏时，被一个大孩子举起来向天空掷去，而当他落下时，那大孩子一时失手没有把他接住，于是泰韦尔斯就因此而跌伤了一条腿。

这位小弟弟在床上度过了几个月痛苦的日子之后，他腿部的骨骼却始终没有完全复原，随时有再裂开的危险，这对于如此年幼的孩子来说是多么可怕的一件事！泰韦尔斯小弟弟一想到自己以后的日子，就会感到万分的恐惧和伤心。可是这位小弟弟非但不悲观，还在日后成为世界上著名的作家之一。

他的肺部和肾部受了重伤，奄奄一息，许多名医都认为无法挽救他的性命，只好任凭病情自然演变，他很侥幸地逃过死神的召唤，但是他却变成一个半身残废的人，并且接下来过了 12 年恐怖的日子。但是经过这 12 年痛苦生活的磨炼，反倒使他成为举世闻名的作家。

在这 12 年内，有 5 年的时间，他疯狂地不断写作，可是，他写的东西实在太平凡无味了，他自己也明白到这一点，所以毅然决然地将它们全部付之一炬。

泰韦尔斯会将脑中突然涌起的思潮，记载在他的日记本上，他写作的地点并不固定，或者在伦敦的办公室，或者在车上，或者是在一望无际的海边，总之，他随时随地都可以写。这个当年曾被杂货店经理辞退的懒孩子，曾夸下海口说道，他那杂记本所搜集的材料，足够他写 150 年的作品之用。

乐观的心态往往会影响你面对工作、面对人生的看法，无论是任何领域的职业，都需要这样的心情，因为，只有一颗健康的心灵才能面对和包容所有的不顺遂。

有一位护士投稿到报社，她说，自己也曾向往过着少奶奶般的生活，可是，她的工作跟梦想是不一样的，因为，她做的是为病人灌肠的工作。

当病人患便秘而前来求诊，经过医生的诊断之后，接着就该她上场了。她说，状况轻者只要灌肠，但面对十天没大号的"顽固粪子"，她必须得亲自用手指去挖……

这样的工作不管你我都不会想做吧，可是，她不但不怨，反而还替患者想，她认为，要一个人脱光裤子，大刺刺地躺在台子上，也是颇令人为难的事。

因为用一颗温润的心来看待自己的工作，所以她能乐在其中，即使在别人眼中无法想象的生活，对一个乐天知命的人而言，都会是甘之如饴的。

如果让你选择住的地方，你会选择住在房子内还是桶子里？

"再怎么笨的人都懂得选房子！"你一定会这样说。

偏偏，有一个人却不是如此——他就是西方哲学家第欧根尼。

被人笑称"狗先生"的第欧根尼，几乎一整天都像只狗般地窝在一个大桶子里发表他的大道理，即使亚历山大想邀请他到宫殿一叙，他都不愿意。

在试了各种方法依然请不动第欧根尼后，亚历山大决定自己去找他。

亚历山大认为，只要自己亲自出马，就可以使第欧根尼服服贴贴。

于是，亚历山大来到了第欧根尼的住处，第欧根尼不但没有起身迎接，反而赖在他的狗窝里。

面对第欧根尼的举动，亚历山大不以为忤，他低下头对着第欧根尼说："久仰久仰，我是亚历山大，不管你有什么希望，你都可以告诉我，我都可以实现！"

"是吗？"听到亚历山大的话，桶里的第欧根尼终于开口。

"没有错。"亚历山大说。

"那么，我就拜托你一件事。"

"好，你请说！"

"你站的地方刚好挡住我的阳光，我拜托你稍微让开一点。"

语毕，第欧根尼竟打个大呵欠，双眼一合，准备睡觉。

　　不管是大官政要、名门富商，还是小市民的我们，外在的环境往往是固定而无法改变的，但是，你却是个最能掌握自己心态的人，到底是要让生活充满苦涩？还是希望能五彩缤纷？要看你对自己的生命是否有着乐观的态度。

认真者的永恒信念

　　外在的环境往往是固定而无法改变的，但是，你却是个最能掌握自己心态的人，到底是要让生活充满苦涩，还是希望能五彩缤纷？要看你对自己的生命是否持有乐观的态度。

认真的人沉得住气

　　也许你会认为只有白手起家的人才能吃得了苦头，其实，每一个成功者都必须在经得起所有考验之后，才能赢得成果。

　　日莲大师是一位善良又诚心的人，他在传道的时候，曾经遇过许多不合理的对待，然而，他都忍下来了。

　　有一次，他站在街头向来来往往的路人传达他的想法，几个时辰过去，竟然连一个听众都没有，即使如此，日莲仍然无动于衷，依旧不停地道出他的信念。

　　由于他是如此的执着，终于引起了一些人的注意，更重大的考验于是也出现了。

　　为什么？因为注意他的并非这些过路的大人，而是在路旁玩耍的小孩，这些孩童们看日莲一动也不动，便起了顽皮之心，想看看他能忍受到什么地步，于是，孩子们对他丢石头、丢马粪，以各式各样的方法来欺侮他。

你猜怎么着？日莲大师没有露出半点怒气，也没有离开他传道的地方，反而沉住气继续布道，这样不畏不惧的精神，的确令人感动。

所谓吃得苦中苦，方为人上人，用这句话勉励自己，在任何领域中，都会是有所成就的。

在日本，"住友"是一家很大的企业，可是在1914 年时，住友还是家小公司而已。

1914 年，毕业于东京大学的北泽敬二郎和一批应届毕业生同时进入住友企业，由于公司的层级不多，这些新人整天都只能做着处理文书、核对账目等繁杂又琐碎的工作。

对于刚入社会的年轻人而言，如此无聊的工作实在让人受不了，于是，类似"这样太贬低自己"的不平之声开始散播于新人之中。

"不，我们应该在企业待上十年才行"，沉得住气的北泽敬二郎如此想着，他没有抗争，也没有离职，几年后，住友渐渐扩大，努力又聪明的北泽敬二

郎果然获得提拔，并从中学习到许多待人处世的方
法，也因此成为日本的著名企业家。

也许你会认为只有白手起家的人才能吃得了苦
头，其实，每一个成功的背后都一样是必须经得起所
有考验。

王永庆的儿子，28 岁学成回来，先从南亚林口
厂的组长干起，然后接管南亚台塑，从组长到升为经
理，前后长达 11 年。

因为只有经历过居于下位者的人，才能明白别人
的需要，在企业界是如此，在不同的领域中也有着相
同的道理。

又如日本的丰臣秀吉，原本是担任替主人拿鞋的
低微工作，地位虽低，但恪守本分，从未让主人穿冷
冰冰的草鞋，即使帮主人按摩，也能做得比专业人员
还好。

在我们现在所处的社会中，似乎到处都充满着纷
争，遇到塞车就大按喇叭，车子稍微被擦撞一下就口
出脏话的大有人在；稍微不顺利就四处找人开骂的也
不少，结果，幸运的没发生什么事，倒霉的则可能因
为一时的不爽而导致更大的灾难，这都是沉不住气的

后果。

　　有句话说"小不忍则乱大谋"，我们到底要当个沉得住气而达到目标的人，还是要当个什么都忍不住就提早落跑的人，就看自己的决定了。

认真者的永恒信念

　　有句话说"小不忍则乱大谋"，我们到底要当个沉得住气而达到目标的人，还是要当个什么都忍不住就提早落跑的人，就看自己的决定了。

是认真，也是牺牲

有时是牺牲自己的生活和其他的选择，有的时候甚至是另一半无悔的牺牲奉献，而造就了成功的舞台。

油彩的花脸、沉重的戏服、高难度的翻滚动作，再加上拉长了的嗓音，这就是中国的国粹——京剧。

曾经是座无虚席的京剧，在历经时代的潮流后，愈来愈不受到年轻人的重视，就在它快要被人遗忘时，"雅音小集"成立了。

郭小庄是雅音小集的创办人，自认对京剧有责任的她，为了推动京剧，不惜自掏腰包，辛苦经营这个民间艺术团体，以吸引更多人来观赏，而雅音小集在她的推动下，也创下了场场爆满的辉煌记录。

这么看来，得到美国亚洲杰出艺术奖的她，不论是实现理想或是在事业上都有着不错的成绩，那么她的婚姻呢？

当美美的郭小庄被媒体关心"何时结婚"时，她曾经表示：即使现在的成绩看来很不错，但她还是需要再努力，也由于自己对京剧的理想和追求是这么的狂热，那么就要有所舍得和牺牲。

因着这份对京剧炽热的情感，郭小庄选择了不婚。

这样的抉择对很多人来说，是非常辛苦的，但就因为对理想的坚持，郭小庄并不认为是一种牺牲，反而由于这样的割舍让她更全心地投入，似乎成功的背后总有不为人知的代价，有时是牺牲自己的生活和其他的选择，有的时候甚至是另一半无悔的牺牲奉献，而造就了成功的舞台。

想想，生活衣食无缺的这一代，我们是否已经习惯于被安排好的生活，而无法体会到牺牲奉献的可贵？

无论是对自己或是对所爱的家人、朋友，在怀抱理想或是满怀热情时，不但要面对挑战，更要懂得以实际的行动来落实，最重要的是，在需要牺牲奉献时，继续勇敢地走下去。

认真者的永恒信念

　　面对挑战，更要懂得以实际的行动来落实，最重要的是，在需要牺牲奉献时，继续勇敢地走下去。

CHAPTER 5

认真，给你回馈

认真过生活

　　每天，我们都在生活，对于生活的态度，你是以消极的心情来对待，还是懂得认认真真地度过每一天？

　　13 岁那年，高清愿与母亲两人离开熟悉的故乡，提着一箱衣服和一床棉被，就这样带着如此简单的行李便到台南投靠舅舅。由于父亲早逝、兄姐夭折的缘故，他不但没有办法继续升学，还必须当童工赚钱养家，然而，高清愿却从不怨天尤人，小小的心里想的只是要怎样踏实地度过每一天，不管所做的工作有多辛苦，只要一想到能多帮忙妈妈解决烦忧和负担，他都会不怕困难和辛劳去做。

　　这样的生活态度一直陪伴他的成长，不管是对人或对事，都是一本初衷地秉持他一贯的作风，一步一个脚印地完成每一件事务，就算是经营现在已经是公认为一等一的"统一"集团，也不改以往的态度，这样的人生哲学甚至影响到公司上上下下的员工。只要一踏进"统一",就能感受到一股蓬勃的生命力。

很难想象当初可能连生活都过不下去的小男孩，日后竟然会成为台湾大企业家。

有着同样艰困童年的松下幸之助，亦是因为有着相同的处事态度，而创造出令人刮目相看的成就。

由于父亲经商失败，即使身为幺儿，松下幸之助仍然得离开熟悉的家乡到大阪当学徒。当时，家中因为筹不出钱，松下幸之助的母亲即使万般不舍，也无法陪同他到大阪，只能眼睁睁地看着就读小学四年级的他，一个人孤单地踏上旅途。

坐在渡船上，松下幸之助不吭声，只是一直默默地凝视着河面。突然，他开口对渡船老板说："大叔，我想，我现在的处境就好比沉入河底的鱼一样，再也不会沉得更深啦。而且，只要稍微动一下，就可以逐渐浮上来……本来，我一直觉得自己是世界上最不幸的人，可是现在我想通了，我要好好地活下去，奋斗将是我最大的乐趣！"

或许是从小离乡背井、独立生活的缘故，松下幸之助对人生的体会也特别多，他曾经说过："世上所有的事物都不是一蹴可及的，唯有平凡的、认真的人才会有飞黄腾达的一天。"

认真的态度是无所不在的，一个认真的人，不但对生活认真，也会对感情认真；不但工作时认真，在玩乐时也认真，否则念书的时候想着"好棒哦，后天要去阳明山郊游"，郊游的时候又想着"糟糕，我明天要考的科目还没念完"，这样就失去了认真的意义了。

也许，有人会认为认真的态度会让生活过得很辛苦，事实上因为你能充分地运用每一分每一秒的时间，反而能缩短因为不专心而造成错误的补救工作，哪一种比较符合经济效益？聪明的你一定能明了。

认真者的永恒信念

　　认真的态度是无所不在，一个认真的人，不但对生活认真，也会对感情认真。

享受工作，享受生活

在忙碌的工作之余，你是否已经忘了该如何享受生活？

在忙碌的工作之余，你是否已经忘了该如何享受生活？

创立"相对论"的爱因斯坦，被喻为科学奇才，可能在一般人的观念中，都会以为爱因斯坦是个工作狂，因为，大概只有这样的开发脑力才能创造出独一无二的相对论，其实，他不但对研究科学的工作有一套，对生活的体验更值得激赏。

话说童年时期的爱因斯坦是个非常害羞的男孩，他不但动作迟钝、说话不流畅，连做出来的事情都到了愚蠢的地步。

生了一个这么异于常人的孩子，爱因斯坦的双亲感到十分忧心，害怕自己的儿子是个智障，于是向学校老师询问，没想到，老师不但没安慰爱因斯坦的父母，反而点头表示赞同，认为这孩子很难教，还在私底下叫爱因斯坦"笨蛋"。

其实，爱因斯坦并非智力低于常人，只是他有自己的一套想法罢了。

就拿生活来说，爱因斯坦对于生活有两项快乐坚持：

（1）不要有任何规定。

（2）不受别人的意见支配。

此外，爱因斯坦与一般大众喜欢追逐金钱权势的想法相反，他觉得工作和生活才是最重要的。

秉持着"生活快乐论"的爱因斯坦，对于世上的名利非常淡泊，他总是单纯地享受工作、享受生活，认为唯有如此，生活才会快乐。

你呢？不妨好好地想一想是如何过生活的。也许因为现实的压力，我们不得不花上许多的心力在工作上，但这真的是你想过的日子吗？或者在你的内心深处也有一股小小的力量，偷偷地透露出你内在的渴望，也许是一份兴趣，也许是一份向往，不妨用心聆听你心里的声音，因为，唯有懂得善待自己的人才能言行合一，也才能在各种领域中快乐地发挥自己的才华。

认真者的永恒信念

　　唯有懂得善待自己的人才能言行合一，也才能在各种领域中快乐地发挥自己的才华。

认真为你带来好机会

所谓的机会都是建筑在一切已储备好的能力之上。

提到工作，一般人不无抱怨，一会儿说上司不好，一会儿说薪水太低。

不过，李模可不是这样想的。

李模对工作的看法特别独到，他说："天下哪有这么好的事，拿别人的钱来学自己的本事。"

他认为，在公司工作其实是学本领，而既可以学习，又可以领薪水，简直是再好不过的事情了。

李模的第一个工作是在南昌的税务单位做事，当时，他做的是收文件的工作，上司看他很认真，索性将发文件的工作也交给他，后来又让他写公文，最繁忙时，李模一个人竟兼职七个工作，他说："这样认真的工作，让我学到很多事情。"

正因为如此，遇有升迁机会时，就非他莫属。

很多时候，我们会以为机会和好运是画上等号的，但真是如此吗？让我们再看看下一个例子，就不难发现：所谓的机会都是建筑在一切已储备好的能力之上。

美发市场一度被双效、多效洗发精炒热，直到1996 年，美吾发率先打出"洗发、润发该分手了"的广告，以"葵花洗发精"为先锋，成功地创造洗发归洗发、润发归润发的新战局，也为美吾发的功劳簿上再添一笔。

身为美吾发及博登药局的董事长，专心、专业、量力而为的理念让李成家创业 21 年来都没有亏过钱，他认为专心专业才有竞争优势，才能一路领先。

李成家刚进社会时，曾经从事过推销员的工作，当时，他一度觉得很多机会好像都被别人拿走了，但是，一位长辈告诉他："只要好好努力，每天只要多拜访一两家，甚至顺道看看亲朋好友，机会就会来临。"

这位长辈说的话，不但改变了他工作的心态，更深深植入李成家的脑海中，他不断地努力，终于为美吾发打下了市场，不仅如此，他同时也是博登连锁药局的创办人。

很多的成功绝不是一蹴可及的，回首李成家的奋斗历程，我们更能相信，唯有认真踏实地踩好每一步伐，把握每一个磨炼的机会，才是创造出美好事业的基石。除了工作是如此，甚至面对我们生活周遭的小事物也是同样的道理。

在彩券刚发行时，有一个人来到某钟表行，他一次买了20张彩券，大家都以为他脑筋有问题，怎么有人愿意一次购买那么多的彩券！然而，他不但不以为意，还当场刮了起来，一张、两张、三张……就在他快刮完所有的彩券时，他中了数百万的特奖，羡煞了一群人。

如果这个人只买十张，恐怕中奖的就不是他。

你说他是投机吗？也可以这样解释，但其中的奥妙就在于他愿意去试试看比别人更多的机会，比起只买一两张彩券玩玩的人，到底哪一种心态较为投机呢？

讲到机会，不免会让人想到运气。

以业务员来说，一般拜访成功的比率是：每拜访10次，成交3位客户，那么认真的人就会放大他的工作量，或许是每天拜访20位客户，成功6次；也或许是每天拜访 30 位客户，成交 9 位客户。

机会虽然不见得时时跟着认真的人，但一旦机会出现时，认真的人绝对比不认真的人更能抓得住它。

认真者的永恒信念

机会虽然不见得时时跟着认真的人，但一旦机会出现时，认真的人绝对比不认真的人更能抓得住它。

认真的人做任何工作都会被尊重

认真的女人最美丽，而这种美丽来自于自信、自然的光彩。

有个真实的故事是这样的：一位职位很高的将军到营区视察，车子到了门口，却被守门的士兵挡下来，怎么都不愿意放行。

"我是某某将军，难道你不认识我吗?"

"很抱歉，我的任务是凭证放行，就算您是将军也一样。"

虽然将军因为忘了带识别证不得其门而入，却没有对士兵动怒，反而点头说："这是士兵的职责，我必须尊重他。"

在这个社会上，不论做什么工作，都要认真。

只要认真，做任何事都会被尊重。

类似的故事也发生在某电视公司，该电视公司必须凭证进入，有一次，一位当红的明星忘了带证件而被挡在门外，守卫怎么也不让他进门，他告诉守卫："我是某某某，难道你不认识我了吗?"

"我当然知道你是谁，可是，你没带证件，就是不能进电视台。"守卫先生说。

折腾了老半天，这位大明星最后还是靠着台内的人员出来带他进去，否则，他恐怕就得再跑一趟，回家拿证件了。

社会上，有些人职位虽低，却不看轻自己，但也有一些人会因此又怨天尤人，成天要老板给他一个高职位、高收入的位子，这么不认真于现职的人，别人当然不会尊敬他。

这样的道理无论古今中外都是一样的，即使是称霸欧洲的拿破仑，也有着同样的待人处世之道。

拿破仑一生都非常敬重认真的人，有一次，他和太太在街道上散步，走着走着，街道被正在搬东西的工人挡道，他的太太看了马上前去斥责工人，要工人让步，而拿破仑却急忙阻止夫人如此做，他说："即使是最低微的搬运工作，也对人类有很大的贡献，这比那些不认真、只爱享乐的人要好得多，我们应该尊重他们才对。"

面对现今弥漫一股功利主义的社会，这样的态度，无疑像是一股清流般令人深思，的确值得让我们静下心来好好想想，生命中重要的价值为何，尤其是在这世纪交替的当头，我们是否更应该好好沉淀出真正属于人类心灵的真实价值呢？

认真者的永恒信念

生命的价值，在于认真地活在每一个当下。

认真就是把热情化为行动

将所有的热情化成实际的行动！

飞机的发明人是莱特兄弟。他们并没有受过高深的教育，也没有进入高等学校，若不是凭借着智力与热诚，相信他们无法完成这项改变人类生活的伟大发明。

奥维尔·莱特在年纪相当小的时候，曾在图书馆中看到了一本书，书上描述了一个名叫李利安·米尔的法国人，乘坐一双巨大风筝飞上天空的故事。他对这个故事非常有兴趣，也不断思考乘坐"巨大风筝飞上天空"这件事的可行性，到了天亮，他就将这个故事告诉了他的哥哥。没想到他的哥哥也非常有兴趣，于是他俩就开始秘密地研究飞机，最后终于完成了这个梦想。

孩提时代的莱特兄弟，会跑到乡下去拾取死掉动物的骨头，把它们卖给肥料制造工厂；也曾将捡到的烂铜废铁，卖给收买旧金属的人。等到年纪比较大的时候，还曾合作开设印刷厂，发行周报；也曾开过一家修理自行车的车行。

然而，不管他们做的是什么工作，这些努力都是因为在他们的心中要完成一架飞机的计划。

到了星期天或者是休假的日子，他俩便会仰卧在太阳照耀的山脚下，注意观察天空中飞翔着的鸟儿的姿势。经过了许多年的时间，不断地用巨大的风筝作为试验，在经过了一次又一次的失败，也进行了一次又一次的改良之后，终于可以装上自己所制造的发动机，试验它是否可以飞行。

1903 年 12 月 17 日是一个值得纪念的日子，因为在这一天他们要试飞这架飞机，如果人类可以像鸟一样地在青云间翱翔，那真是人类的一大创举，是一件值得大书特书的事。因为人们已经实现了他们的梦想，也是世界文明进化的另一转机！

在试飞的那一天，他兄弟俩就用 5 角钱来打赌，看谁能先飞上天去。结果奥维尔·莱特得到了胜利，"飞机"就在那天飞起来了。

这是一个天气寒冷、天色阴沉的日子，温度差不多降到零度以下。其他 5 个观看他们试验飞行的人，都不断地利用跳跃的方式来取暖，可是他俩为了怕增加飞机的重量，连外衣都不敢穿。终于在 10 点 35 分的时候，奥维尔·莱特跨上了"飞机"，而这奇异的东西不但真的飞上了天空，还能从排气管里吐出白烟，并且还摇摇摆摆地在天空停留了 12 秒钟之久，所降落的地点和起飞点相距有 37 米之远。

因为家庭经济是相当的拮据，所以，莱特兄弟的父亲曾经给过他们一个忠告，那就是结婚和从事飞行研究无法同时并进。结果他俩的选择是专心地进行飞行的研究，始终没有结婚。

回想过去，相信很多人从孩提时便拥有了一辈子想完成的梦想，或者是身为刚踏入社会的新人时，总有满怀的抱负和理想，然而，到了中年以后，才发现一切的发展和自己原初的梦想都相去甚远，也许可以推说是现实的考虑，或者是为了就业的需要，然而，当你和自己的志向妥协时，其实也就是和生命的热情做了妥协，想想莱特兄弟吧！即使没有优越的条件却能创造出飞机，其实就只有一个原因：将所有的热情化成实际的行动！

认真者的永恒信念

当你和自己的志向妥协时，其实也就是和生命的热情做了妥协。

认真的秘诀在于厘清重点

> 妥善地运用自己的各种资源，往往就是未来成功的因素。

大家都知道，法律系是非常难读的一门科系，那么名律师李永然先生到底是凭着什么样的功夫，能够拿到台大法律研究所硕士的显赫学历呢？

认真和努力当然是一定的，而在认真和努力之后，还要懂得做重点笔记。

据他强调，做重点笔记是一项不可或缺的秘诀，李永然不但在上课时会勤记老师所说的重点，复习时更会整理出一套重点笔记，当面对一本本庞杂的法律书籍时，他总是要先浏览一遍，看看哪些是重点，然后将重点部分详细读熟，如此自然能在考场上得到耀眼的成绩。

做学问强调抓得住重点，因为，一旦系统架构清楚明了，不但能帮助理解和记忆，又能节省阅读庞大繁杂部分的时间，念书是如此，作画也得拥有相同的精神。

有个故事是这样的：在画展上有甲、乙两幅画，画的内容同样都是苹果、香蕉、柳丁、葡萄、奇异果这5种颜色不一样的水果，不同的是，甲画上的水果都被集中在画的正中央，而乙画上的5种水果却被分散在画的各处。

当前来观赏画的人被问到柳丁在哪里时，正在欣赏甲画的人总是比欣赏乙画的人更快指出柳丁的位置，而且换不同的人，结果几乎还是一样。

为什么呢？难道站在乙画前面的人都比较笨、反应比较慢吗？

其实不然，这是因为甲画的水果集中，自然就比较容易寻找！

对于画家来说，这种让欣赏者可以立即看到重点的位置，就称为"黄金交叉点"。

从绘画中我们可以知道重点的重要，其实，在听觉上也是同样需要有重点的表达噢。

生活在现今这个多元化的世界中，时间的掌握就显得很重要，如果你懂得把握关键，不但能做出正确的判断，更能节省许多时间和精力。而妥善地运用自己的各种资源，往往就是未来成功的因素，具有一举多得之效。

认真者的永恒信念

　　生活在现今这个多元化的世界中，时间的掌握就显得很重要。如果你懂得把握关键，不但能做出正确的判断，更能节省许多时间和精力。

多角度地学习

> 一个人如果不学无术，将很难有所成就。

世界知名的提琴家马友友在未满 6 岁时，就在巴黎的"孟森首相"音乐比赛中赢得了首奖，也得到了"音乐神童"的美称，当时他的对手们全都是 14 岁至 22 岁的青少年。

但是 16 岁时的马友友却从茱丽亚音乐学院退学，进入哈佛大学专研人类学及德国文学。

4 年的哈佛生涯让他在人文教育方面受益匪浅，更让他能从哲学、心理学、历史及人类学等社会的角度去探讨音乐的本质，而不是只钻研于演奏技术。

美国小提琴泰斗艾萨克·史丹赞扬马友友是"当代的稀世奇才"；《纽约时报》曾说马友友因为拥有一种"X 质"，这是一种使他成为超级巨星的因素，他在音乐界拥有国际级的地位，影响力既深且远。

他为了扩展音乐的新境界，还曾经一度中止在全球的演奏计划，远赴非洲去学习布须曼人的音乐，并思索着如何将此应用到古典音乐之中。

除此之外，他还将大提琴运用在各方面，把它与爵士乐、各种民族音乐、人声口技等相互结合，为古典乐注入一股新活力。

马友友的乐风之中最为人熟稔的特色就是"创新多变"。将古典与爵士音乐相互结合，并用大提琴演奏高难度的帕格尼尼小提琴乐；他还尝试改编日本小调音乐，这种改变也透露出他对东方哲学的特殊领会。

就是因为以前培养了多角度学习的习惯，因而造就了马友友日后无处不是学习的开放心胸，这样的人生态度有别于许多音乐人只专注于音乐领域的习惯，是很不容易又具前瞻性的。

名声乐家简文秀女士有一句座右铭：到处留心便是学。

在 20 年前，若说到学习音乐，大家总觉得那是有钱人家才有的事。

偏偏，简文秀却出生于一个家境不算好的家庭。

即使父亲小学未毕业，母亲也不认得字，小时候的简文秀却不害怕读书，别人若是读五次，她就非得读上十次不可，也因为这种全力以赴的决心，让简文秀的成绩一直名列前茅，并顺利地考上师专。

对一般人来说，考到师专就等于赚到一个铁饭碗，一辈子教书也不怕被革职，可是，简文秀学习的热忱并没有因为拿到铁饭碗而消退，反而在工作、成家之后，继续到美国深造。

在美国的日子，简文秀除了修习艺术课业外，也不忘从生活上学习，就拿英文来说，只要她觉得受用，不管是何时听到、看到，她都要求自己背下来，就连上街发现广告看板上有不懂的字，她也会记得牢牢的，回家马上查字典。

这样的一颗永不减退学习热情的心，让她在学术上的成就令人称羡。

一个人如果不学无术，将很难有所成就。

从小，我们就被规定要上学、接受老师的教导，进入社会之后，虽然没有老师天天来上课，我们也不能因此怠慢，反而要找到公司里值得学习的人，以向他人看齐、充实自我。

　　"三人行，必有我师"。只要你想学，宇宙万物、花草树木都是我们的老师。

认真者的永恒信念

　　"三人行，必有我师"。只要你想学，宇宙万物、花草树木都是我们的老师。

认真的人懂得做自己的主宰

在未能获得肯定前，自己对自己的信心更显得重要。

画家小鱼曾经在暖暖中学当了 9 年的老师，可是，为什么他却愿意放弃教职的薪水，而走上画画这一征途？

说起来也挺特别的，在学校里，通常都是迟到的学生被老师处罚，但对小鱼来说，要他早上准时到校，反而变成了一项难题，因为爱好创作的小鱼，总是利用下班后的时间做他喜欢的事，有时灵感一来就创作到深夜，第二天爬不起来就只好向学校请一两小时的假。

由于请假的次数实在太频繁，小鱼开始认真思索：自己是不是应该要在教书和创作中择一而做？

一旦不教书，首先面临的就是经济问题。

难道，他要为了经济而放弃自己的兴趣吗？

不，小鱼决定当自己生命的主宰，他毅然决然地辞掉教职，专心在家创作。

原本，小鱼是以艺术刻印为主，在一次因缘际会下，他在敦煌画廊所展示的画作被买走了好多幅，从此也牵动了小鱼与绘画的情缘。

相信他在决定的那一刹那前，必定也面临了许多的挣扎和思索，然而，愿意诚实地面对自己的喜好并不悔地走下去，似乎是很多艺术工作者都会面临的考验，尤其在未能获得肯定前，自己对自己的信心更是显得重要了。

从老少皆宜的漫画，到将庄子、老子甚至心经画成漫画，蔡志忠常说自己没有什么大志向，只是喜欢漫画的心一直没有改变。

15岁的蔡志忠，以初中生的年龄带着一小包行李上台北打天下，一开始就投入漫画的行列，他不但比任何人都更早从事自己所喜欢的工作，而且喜欢得既专注又疯狂，直到现在，他已经画了二十几年的漫画。

到底蔡志忠对于漫画热爱到什么程度呢？

话说有一天，他正在画漫画时，突然发现家里的纸张全用完了，于是，他放下笔，快速地坐上摩托车往上班的地方"光启社"骑去。

"叩—叩—叩—"蔡志忠敲了老半天的门，守门的老伯伯睡眼惺忪地前来开门，看到守门老伯满脸睡意，蔡志忠才惊觉到：原来现在已经是晚上11点半了。

从他的家中到公司，来回也要一小时，专注于漫画的蔡志忠为了要拿张纸以继续未画完的部分，压根儿没有想到时间的问题，至于"明天再画"这一类的想法，更是从来没有出现在他脑海中。

20多年前带着250元北上的蔡志忠，从来没有想到他的读者会遍及海内外，当被问到他感到最大的成就是什么时，蔡志忠认为"不是成名"，"也不是收入增加"，而是他选择了自己喜欢的事，做自己的主宰。

相信在职业的抉择上，往往会令人苦恼而犹豫，很多人会以薪资为考虑，也有些人会以社会眼光作为标准，然而，一个真正成功的人会坦白地面对自己的喜好，勇敢地取舍后，全心地投入，做自己真正的主人，不但能工作得快乐，他的人生也才能美满幸福。

认真者的永恒信念

　　做一个自己真正的主人，不但能工作得快乐，你的人生也才能美满幸福。

即使认真，也要懂得创新

坐船总会有遇到逆风的时候，可是，如果每次逆风时都要这么费力地划船，岂不是累人？

在求学时，"留级"这两个字或许是学生最不能接受的了。

富尔敦，一个才读小学的7岁男童，从小就喜欢画画，一年级的他，所有的科目中除了美术课的成绩是甲等外，其他的功课全都是丙或丁。

由于富尔敦的成绩是这么的差，当他的同学们升上二年级时，只有他被留在一年级。

当他被留级的消息确定后，富尔敦的老师曾经问他："你能不能用功一些呢？你看看，别人都升上二年级了！"

"老师，"年纪轻轻的富尔敦说，"我总觉得我的头脑里有很多的新计划，每当念书时，这些新计划就会一一出现，影响我对其他科目的记忆。"

富尔敦是如此地专注于他不停涌现的各种想法，因此，即使是钓鱼这种小事情，也能有大发明。

话说有一天，富尔敦和同学及同学的爸爸出海钓鱼，谁知原本好端端的天气，在过了中午后竟然变了天，又是大风又是大雨的，吓得三个人赶紧收起钓鱼杆，准备回家。

没想到，狂风吹的方向刚好和富尔敦的目的地相反，身处逆风状态的富尔敦三人，只能死命地划着小船往岸边去。

或许是上天眷顾，他们总算安全地到达岸边，在大家庆幸没被死神带走时，富尔敦却开始想着一个问题：

坐船总会有遇到逆风的时候，可是，如果每次逆风时都要这么费力地划船，岂不是累人？

为了要让大家不需要在逆风时如此辛苦，年轻的富尔敦展开了一连串的实验，在历经无数次的失败后，轮船终于诞生了。

想想，如果富尔敦从小就和大家一样，只将他的头脑用来背学校教的科目，而放弃了他的各种新想法，那么，他或许就不会是轮船的发明人。

从危机处处的小船，到不怕逆风的轮船，富尔敦的创意的确造福了全人类，当然，如果他不发明轮船，大家依然可以有小船可坐，可是，就无法有所进步。

不管什么事，如果只是照着别人的经验去做，或许会因为前人的教训而不致于错得太离谱，但也落得永远无法突破的结局。

如果问日本人，谁是日本历史上最出色的领导者？

许多人都会答：德川家康。

德川家康有着高人一等的想法，也曾立下许多丰功伟业，是许多想要成功的人心中的模范。

奇怪的是，当大家一味地照着德川家康的做法实行时，却发现这么做不但不会成功，反而还会招致失败，令人丈二和尚摸不着头脑，不晓得到底为什么？

其实，如果深入研究德川家康的故事，就会晓得，德川家康所采取的方法只适合他自己，对于与他个性不同的人来说，是无法如愿的。

每个人都有自己的特质，虽然读传记对于想要成

功的人而言，是一剂极具鼓励的良药，但是，如果我
们只是模仿，而没有找出适合自己的方式，那么即使
再认真，也不见得能像这些伟人一样成功。

认真者的永恒信念

　　每个人都有自己的特质，将其激发出来，才能让
生活丰富不单调。

认真是开启才华的钥匙

当这把开启你才华的钥匙出现时，你必须已经准备充分，才能有相对的收获。

"这个苹果饼可说是我看过的最棒的艺术创作，连最著名的大画家的作品都被它比下去了。"

一个下雨天，在纽约市格林威治村中，出现了一位陌生人，由于他身上的钱都已用光，一天都没有吃任何东西，因此，当他看到咖啡厅的橱窗前陈列着香喷喷的苹果饼时，再也忍受不了饥饿，他两眼盯着这个饼瞧，直到咖啡厅的女主人出现。

他，就是房龙。

在这个时候，房龙可说是个狼狈不堪的流浪汉，但若提到他过去的事迹，任谁都会敬重三分。

房龙曾经在数个大学中教课，他对于艺术和历史都研究得非常透彻，举凡音乐史、美术史、人类史，都是他的授课范围。

在大学教授之外，最让人值得一谈的，是房龙对于历史的挚爱。

房龙是如此地沉迷于研究历史之中，因此，当他在学校授课时，常会因为突发的历史事件而抛下学生，跑去报社当记者。

此外，他具有创意但不正统的授课方式，也常令学校不满。

在房龙被著名的康奈尔大学给"请"出来后，他又再度失去工作，这次，他的太太再也不能忍受先生一再失业，决定离他而去。

没有工作、没有妻子又身无分文的房龙，于是从一名大学教授变成流浪汉。

但，天无绝人之路，由于房龙那文人的风范及礼貌又诚意的态度，让咖啡厅的女主人海伦心生怜悯，她不但请他到咖啡厅一坐，还免费请他吃苹果饼。

有了暂时落脚的地方后，房龙开始述说自己的遭遇，并且告诉海伦许多历史故事。

"你说的故事真的很精彩，如果能出成书，那有多好！"由于房龙的故事太吸引人，海伦马上对他如此建议。

"可是，现在市上的历史书已经很多，而且都卖得很差，我想我还是不要出书好了。"房龙不以为然。

"不会的，你的故事是如此地动听，销路一定会很好。"海伦说。

就这样，房龙和海伦为了出不出书辩了一整个下午，最后，房龙终于让步，《人类的故事》这部巨作才得以出版。

在房龙与海伦结婚不久后，《人类的故事》也告出版，它的狂销让房龙信心大增，两年后，《圣经故事》出版了，同样大受欢迎。

此后，房龙再接再厉，直到去世前，他总共写了33 本书，其中的 5 本书更成为全球卖座的畅销书。

曾经是流浪汉的房龙，绝没有想到一块苹果饼竟然为他的人生带来如此大的转变，这个故事也告诉我们，如果你拥有某种才华，是绝对不会被埋没的，但是，当这把开启你才华的钥匙出现时，你必须已经准备充分，才能有相对的收获。

你，找到这把钥匙了吗？这把钥匙或许在你身上、在良师益友的口中，也可能是在亲密爱人的手里，但别忘了，在钥匙还未开启才华前，请好好地储备能力，相信在开启的刹那间，一定会有繁盛的花朵。

认真者的永恒信念

你，找到这把钥匙了吗？这把钥匙或许在你身上、在良师益友的口中，也可能是在亲密爱人的手里，但别忘了，在钥匙还未开启才华前，请好好地储备能力，相信在开启的刹那间，一定会有繁盛的花朵。

超越自己

> 如果失去了这次的机会，还有下次吗？

猜一猜，有"亚洲音乐神童"美誉的，是哪一位音乐家？

答案是林昭亮。

10 岁那年，林昭亮得到了台湾省少年小提琴比赛的冠军，随即受邀到日本演奏，在两场演奏会中，日本人深深为这个男童所拉出来的美妙音乐所吸引，誉他为"亚洲音乐神童"。

"小时了了"的林昭亮并没有应了"大未必佳"这句话，1985 年，他和马友友及小泽征尔被美国的《人力杂志》评选为"本世纪最伟大的 3 位东方音乐家"。

能有今日如此灿烂的成绩，林昭亮的天分当然是重要因素之一，但在天分之外，他的努力以及勇气也不能小觑。

"林昭亮，谢林突然生病，无法上台演奏，你愿不愿意代替他?"一天，林昭亮接到经纪人的紧急电话。

谢林是大师级的小提琴家，原本，他要和美国五大交响乐团之一的费城交响乐团一齐演出，却因临时生病不能上台，急需换手。

听到经纪人的询问，林昭亮当然非常兴奋，因为，可以和如此著名的乐团合奏，是许多音乐人求都求不到的机会，但是……

"如果你答应了，就必须在一天内练好西贝柳斯的作品。"经纪人如此说。

西贝柳斯的作品? 那可是难度超高的!

但如果失去了这次的机会，还有下次吗?

于是，林昭亮决定面对挑战，他拿起小提琴，一练就是八小时，然后从纽约坐着火车赶到费城。

20 岁的林昭亮就这样得到了与费城交响乐团合奏的机会，当晚，他的演奏引起了热烈掌声，也为他赢得了接踵而来的演奏合约，至今，费城交响乐团和他的合作，已经不下 15 次。

想当初，若林昭亮拒绝了这次机会，或许今日他就无法如此的著名。

林昭亮，不愧是一个时时想要"超越自己"的音乐家，荣誉心极强的他将每一场演奏都当成是对自己的挑战，期盼每次的成绩都能更上一层楼，他，果然做到了。

我们常听到要做一个和自己赛跑的人之类的话语，听来似乎很简单，但是，若能真正地做到，就会像林昭亮一样，令每一次的演出都会以比上一次的好的心态来勉励自我，不但能永远葆有这样的热情，更因为这股力量，使得心中能一直保持乐观进取的态度。

林煜智，一位只有 67.5 公分，人称玻璃娃娃的 28 岁青年，是全台湾身高最矮的男人。

由于患了一种名为"成骨不全"的病，林煜智从小就呈现发育迟缓的情形，他的骨头也愈来愈老化，只要一不小心就很容易骨折，因此，林煜智只能靠着轮椅代步。

拿希尔，一位全世界最高的男人，身高呢？想当然必定在 2 米以上。

当这一高一矮、身材比例悬殊的两人相遇时，林煜智说了一段很妙的话："大家看到我的时候都要敬礼，可是看到拿希尔的时候反而会不屑，因为拿希尔说话时总要向别人低头，而我和别人说话时，别人总是向我鞠躬。"

此话一出，立刻引起了在场所有人士的笑声，我们也从这一段话中感受到，乐观的林煜智并不因为他的身高或行动不如人而自怨自艾，在人生的旅程中，他已然超越自己，享受着活着的美好。

认真者的永恒信念

超越自己，享受着活着的美好。

认真者，成功的机会大

> 松下幸之助说："一个人对生活态度的认真与否，决定了他的一生。"

新闻报道几乎人人必看，现在，请想象一个情况：当你打开电视时，赫然发现坐在主播台上的是一位金发外国人，而且还用汉语播新闻，此时你能接受吗？

在美国，宗毓华是响当当的主播，她受人注目的原因除了华裔身份外，最重要的还是她主播时的超强功力。

自认有着完美主义性格的宗毓华，是个一旦开始工作，就会全心投入的人，她总是想办法将每件事做到最好，却又觉得自己永远有需要改进的地方。

1971年，美国三大电视网开始雇用少数族裔人士为职员，于是，宗毓华抓住了机会向 CBS 申请工作，在面试通过后，成功地进入 CBS，是首批进入美国电视网的四位少数族裔人士之一。

刚进入 CBS 的宗毓华，常会因为遗漏了某些新闻而烦恼不已，追究起原因，她才发现：原来，新闻工作并不是采访完就回家睡觉这么简单，而是要持续地追踪与调查，才能有更大的收获。

有了这样的观念后，宗毓华变得更敏锐了，她随时留意着新消息，并采访了许多大新闻，不论是美国总统尼克松的"水门事件"，或者洛克菲勒被提名为副总统候选人的过程等，不但比别人报道得更深入、更精彩，也让她的所属电台收益迅增。

得过 3 次新闻报道艾美奖，并且成为全美票选最高的新闻主播宗毓华，照理说应该满足了吧？

不，即使在 6 年前，她的年薪就高达 200 万美元，她仍然对自己充满着期待。

这份期待不是金钱的多寡，而在于她专业的新闻工作上。

"我不断地告诉自己，做一件事只要锁定目标，全力以赴，成功的机会就很大。"宗毓华如此认为。

这样认真投入的态度是否让你也很感动呢？

其实，认真的精神不但能让一个人踏上成功之路，有时甚至会影响别人的眼光和信任。

松下幸之助说："一个人对生活态度的认真与否，决定了他的一生。"

许多做事不认真的年轻人，由于虎头蛇尾惯了，根本都还未发掘自己的潜力，就认为自己天生资质不如人，于是得过且过，失去了与成功会面的机会。

有一次，松下电器不慎将有瑕疵的产品送给客户，客户发现后，正怒气冲冲地准备到松下电器大骂一番，然而，当他一进门，看到公司内部每个人认真工作的态度后，当下深受感动，不但不生气，还满怀信心地回去，他相信有如此认真的员工，公司值得信赖。

因为认真的态度改变了客户的看法，不但化险为夷，更赢得了对方的信任，这些都不是用金钱能买得到的，然而却都是本身能拥有的最大资产，这似乎在世界各地都是看法一致的。

认真几乎是成功者背后的代表，比如提到高清愿，吴修齐的评语是："他很认真、很努力！"

　　曾与高清愿在新和兴布行一起做事，现为国际纺织董事长的吴振良形容在台南纺织时代的高清愿也说："他很认真，很会做生意。"

　　我们常说一个人的人格或人品的好与坏，不但会决定他人生的方向，更会左右别人对你的评价，而一个愿意努力付出的人，不但能自我肯定，更能得到旁人的支持和信赖，那么，哪有不成功的道理呢？

认真者的永恒信念

　　认真的精神不但能让一个人踏上成功之路，有时甚至会影响别人的眼光和信任。

CHAPTER 6

认真的经典名句（中英对照）

① 一个人如何死不重要，重要的是如何活着。

It matters not how a man dies, but how he lives.

——S. Johnson

认真的心，活出亮丽的生活！

② 认真的态度，不是教你去赚到面包，而且让你吃面包时，能够感觉每一口都香甜。

Being serious is not to teach you to earn you bread, but to make every mouthful sweet.

爱上生活的最好方式，就是认真面对每一刻。

③ 未来，就是每个人都以每小时 60 分的速度向前迈进，任何人都一样，不论你扮演的是何种角色。

The future is something that everyone reaches at the rate of sixty minutes an hour, whatever he dose, whoever he is.

——C. S. Lewis

扎实是认真的基本原则。

④ 人的优先职责就是：做你自己！

What's a man's first duty? The answer's brief: To be himself.

——Ibsen

认真的人生最美。

⑤ 每个人只能活一次。不过，如果能活得精彩，就算活一次也就够了。

You only live once. But if you work it right, once is e-nough.

好好地活，认真地秀！

⑥ 或许别人怀疑你的话语，但他们必然相信你的行动。

Men may doubt what you say, but they will believe what you do.

有时候认真的态度，是最好的说服利器。

⑦ 只想等待好运的人，无异于等待死亡。

To wait for luck is the same as waiting for death.

认真的心情，充实的人生。

⑧ 坚持，并非一口气冲到底，而是用无数次的短跑，最后累积而成。

Perseverance is not a long race, it is many short races one after another.

成功的果实，是献给认真到底的人的。

⑨ 意志懦弱的人通常容易被不幸打倒，而意志坚强

的人反而能超越不幸。

Little minds are tamed and subdued by misfortune, but great minds rise above it.

如果能够秉持原始动力，认真就能赢得胜利！

⑩ 我们的心，完全由自己主宰，它可以把地狱变成天堂，也可以把天堂变成地狱。

The mind is its own place, and in itself can make a heaven of hell, a hell of heaven.

不认真的生活，是种不肯定自己的态度。

⑪ 如果我们无法完成我们想做的事，就去做我们能力所及的事吧！

If we can't do as we would, we must do as we can.

全力以赴，才能为自己获得自信！

⑫ 当你在思考时，请谨慎考虑，一旦做了决定要行动时，就不能再动摇。

Take time to deliberate; but when the time for action arrives, stop thinking and go in.

——J. Andrew

认真有时不容犹豫！

⑬ 逼自己每天做一点不想做的事，是让你能养成以
认真的心情面对工作的最好方法。

Make it a point to do something every day that you
don't want to do. This is the golden rule for serious the
habit of doing your job without pain.

⑭ 做好人生的每件事，就当作那是自己生命中，最
后一件待完成的事情。

Do every act of your life as if it were your last.

如果每天都是生命中的最后一天，你岂能不认真？

⑮ 当你觉得工作是乐趣时，生活才能快乐！

When work is a pleasure, life is a joy!

把工作当成生活，才能将心情转为成功的动力。

⑯ 要别人做事，自己也得动手。

Command your man, and do it yourself.

身体力行才是最好的认真表现。

⑰ 饱食终日，无所用心的人虽生犹死。

Leisure without culture is death.

让认真的态度重回心中。

⑱ 有信念，你不一定能有多大成就，但是没有信念，

你将一事无成。

You can do very little with faith, but you can do nothing without it.

——S. Butler

认真是最好的成功信念。

⑲ 我不害怕明天，因为我见过昨天，又热爱今天。

I am not afraid of tomorrow, for I have seen yesterday and I love today.

——W. A. White（美国记者）

活在每个当下，才能当个最美丽的人。

⑳ 勤劳是事业的灵魂，是成功的基石。

Industry is the soul of business and the keystone of prosperity.

有时候努力不一定能成功，但不努力就不可能成功。

㉑ 取得成功的秘诀是无论做什么都把它做好，而不去想到出名。

The talent of success is nothing more than doing well whatever you do without a thought of fame.

向前冲，认真面对困境。

㉒ 想要得自由的人，必须承受维护自由的辛苦。

Those who expect to reap the blessings of freedom must undergo the fatigue of supporting it.

——T. Paine

正如想要成功，就别不认真地过日子。

㉓ 凡是下决心要取得胜利的人，是从来不说"不可能"的。

The man who has made up his mind to win will never say 'Impossible'.

——Napoleon

别用"不可能"当借口。

㉔ 把每个步骤变成目标，再把每个目标变成步骤，便能成功。

Success is achieved by converting each step into a goal and each goal into a step.

这是认真的不二法门。

㉕ 有耐心，把简单的事做得尽善尽美的人，才有能力做好困难的事。

Only those who have the patience to do simple things perfectly ever acquire the skill to do difficult things.

多用心才能多得掌声。